张 洁　胡金政　段祥睿　著

复杂岩土及地质工程
可靠度分析方法

同济大学 出版社
TONGJI UNIVERSITY PRESS
·上海·

内容提要

岩土及地质工程力学分析常涉及大量不确定性因素,导致其结果也存在显著的不确定性。可靠度理论可量化各类不确定性因素对力学分析的影响。目前,数值软件已被广泛应用于岩土及地质工程力学分析中,但大多数岩土及地质工程数值软件都没有可靠度分析功能,导致复杂岩土及地质工程的可靠度分析十分困难。本书在介绍不同可靠度分析方法基本原理的基础上,通过实例解析,给出了利用既有确定性数值软件进行可靠度分析的流程和实现代码,为复杂岩土及地质工程可靠度分析提供了实用途径。

本书可作为高等教育岩土及地质工程领域高年级本科生、研究生的教学和科研指导用书,也可作为相关技术人员的参考用书。

图书在版编目(CIP)数据

复杂岩土及地质工程可靠度分析方法 / 张洁,胡金政,段祥睿著. -- 上海:同济大学出版社,2024.3
ISBN 978-7-5765-1078-2

Ⅰ.①复… Ⅱ.①张… ②胡… ③段… Ⅲ.①岩土工程—工程地质—可靠性估计 Ⅳ.①TU4

中国国家版本馆 CIP 数据核字(2024)第 035774 号

同济大学学术专著(自然科学类)出版基金项目

复杂岩土及地质工程可靠度分析方法

张 洁 胡金政 段祥睿 著

责任编辑	马继兰	**责任校对**	徐春莲	**封面设计**	陈益平

出版发行　同济大学出版社　　　www.tongjipress.com.cn
　　　　　(地址:上海市四平路 1239 号　邮编:200092　电话:021-65985622)
经　销　全国各地新华书店
制　作　南京月叶图文制作有限公司
印　刷　常熟市大宏印刷有限公司
开　本　787 mm×1092 mm　1/16
印　张　13.5
字　数　288 000
版　次　2024 年 3 月第 1 版
印　次　2024 年 3 月第 1 次印刷
书　号　ISBN 978-7-5765-1078-2

定　价　78.00 元

前　言

不确定性是岩土及地质工程的重要特征之一。可靠度理论采用随机变量模拟岩土及地质工程中的不确定性因素,可定量考虑不确定性因素对工程系统的影响,是岩土及地质工程安全性评价和风险分析的重要工具。对于复杂岩土及地质工程问题,其功能函数需要采用专门的数值分析软件进行求解。由于现有岩土及地质工程分析软件大多都不具备可靠度分析功能,复杂岩土及地质工程可靠度分析尚缺乏有效的工具。针对这一技术瓶颈,本书系统介绍了基于现有数值分析软件的复杂岩土及地质工程可靠度分析方法、实现途径和程序代码,在引导读者快速掌握岩土可靠度理论研究成果的同时,帮助读者快速将该方法用于实际复杂岩土及地质工程可靠度问题的求解,为复杂岩土及地质工程可靠度分析提供了实用的工具。

本书共有 10 章。第 1 章介绍了岩土及地质工程可靠度分析问题涉及的相关概念与基本理论。第 2 章为通用数值分析程序调用方法,介绍了岩土及地质工程数值分析软件与数学分析软件建立数据接口用于可靠度分析的方法。第 3 章至第 10 章介绍了近年来岩土及地质工程常见的可靠度分析方法、算例、基于既有确定性数值分析软件的实现方法。其中,第 3 章介绍了中心点法,第 4 章介绍了点估计法,第 5 章介绍了验算点法,第 6 章介绍了响应面法,第 7 章介绍了蒙特卡罗法,第 8 章介绍了重要性抽样法,第 9 章介绍了子集模拟法,第 10 章介绍了随机场法。为方便读者学习,文中涉及的重要程序代码都可以通过扫描二维码下载获得。

本书可作为高年级本科生和研究生可靠度分析相关课程和科研项目的教学用书,也可供从事岩土及地质工程勘察、设计、施工等方面工作的工作人员参考。

研究生陈宏伟、程瑞松、陆盟、马翔宇、孙源、陶嫒嫒、吴双益、熊必能、姚鸿增参与了本书的部分算例分析和绘图工作,在此表示衷心的感谢。

本书的编写受到了科技部国家重点研发计划"交通基础设施韧性评估与风险防控基础理论及方法"(2021YFB2600500)和国家自然科学基金"降雨诱发公路滑坡灾害的波及效应及定量风险评估"(42072302)的资助。

因时间和水平所限,书中难免有不足之处,敬请各位读者批评指正。

编　者

2023 年 11 月

目 录

第1章

岩土及地质工程可靠度分析问题

1.1 岩土及地质工程中的不确定性和可靠性

岩土体是一种在长期地质作用下形成的天然材料。岩土体的形成经过了复杂的地质历史,常伴随着复杂的风化、搬运、沉积等作用。在不同区域、不同地质时期,这些作用都具有很强的随机性,导致岩土性质具有显著的变异性。此外,岩土体性质只能通过勘察、探测、试验来了解,但很难被完全查明。表1-1展示了文献[1]中对多组岩土体性质的统计分析结果。可以看出,岩土体性质的变异性是普遍存在的。此外,在岩土工程构筑物漫长的服役过程中,其承受的降雨、地震等环境荷载的作用也存在很强的不确定性。

表1-1　部分岩土体性质的统计分析结果[1]

岩土体	变化范围	均值	变异系数
黏质粉土的不排水抗剪强度	15～363 kPa	276 kPa	0.11～0.49
砂土的内摩擦角	35°～41°	37.6°	0.05～0.11
细粒土的塑形指标	12%～44%	25%	0.09～0.57
砂土的相对密实度	30%～70%	50%	0.11～0.36

岩土体性质的变异性和荷载环境等不确定性是自然界的重要特征之一,常被称为固有不确定性。此外,在人们认识自然的过程中,受知识水平的限制,人们对自然界无法完全了解,导致认知不确定性的存在。在岩土及地质工程中,对岩土体变形破坏机理认识不清、对岩土力学分析和模拟方法不足、勘察取样数据不足等都可以引发认知不确定性。由于上述不确定性的存在,岩土及地质工程的预测和分析结果也存在很强的不确定性,这给工程设计、建造和决策带来了极大的困扰。

在传统岩土及地质工程设计中,常用确定性的名义值来代替不确定性的岩土体参数、工程荷载,通过安全系数来衡量岩土体系统的安全度。不过,由于不同项目涉及的不确定性水平不同,相同的安全系数在不同项目中对应的安全度并不相同。可靠度理论以概率和风险分析为基础,使用定量的方式来考虑岩土及地质工程的各类不确定性因素,

1

通过失效概率定量地描述工程结构的安全性,为不确定性环境中工程结构的安全性评价提供了新的视角。

1.2 岩土可靠度理论及其应用

可靠度的概念最早出现在军事领域,在 20 世纪五六十年代,可靠度理论的研究开始拓展到民用领域。美国 Cornell[2]、Hasofer[3]、Veneziano[4]、Rackwitz 和 Flessler[5] 以及 Ditlevsen[6] 等学者初步建立了建筑结构安全的可靠度理论,给出了可靠度指标、一次二阶矩法等重要概念和方法。在土木工程中,可靠度理论最早应用于建筑结构,目前多部与可靠度理论相关的教材和专著已出版,为推动结构可靠度理论的发展和应用起到了重要作用[7-17]。在岩土工程领域,高大钊于 1989 年出版了《土力学可靠性原理》[18];祝玉学于 1993 年出版了《边坡可靠性分析》[19];中国科学院院士陈祖煜在 2003 年出版的专著《土质边坡稳定分析——原理·方法·程序》[20] 中指出,岩土工程应采用考虑不确定性因素的可靠度分析与设计方法;Baecher 和 Christian 于 2005 年出版了专著 *Reliability and Statistics in Geotechnical Engineering*[21];Fenton 和 Griffiths 于 2008 年出版了 *Risk Assessment in Geotechnical Engineering*[22];张璐璐等学者于 2011 年出版了《岩土工程可靠度理论》[23];Phoon 与 Ching 于 2015 年出版了专著 *Risk and Reliability in Geotechnical Engineering*[24]。李典庆等学者于 2015—2017 年出版了《基于 Copula 理论的岩土体参数不确定性表征与可靠度分析》[25]《边坡可靠度非侵入式随机分析方法》[26]《基于 ISO 2394 的岩土工程可靠度设计》[27] 等专著;张洁等学者于 2021 年出版了岩土工程可靠度教材 *Geotechnical Reliability Analysis:Theories,Methods,and Algorithms*[28]。可靠度理论也是岩土工程和地质工程领域的学科前沿。2001 年、2003 年、2021 年太沙基讲座[29-31] 和 2015 年郎肯讲座[32] 均聚焦于岩土可靠度及风险问题。在 2018 年陈宗基讲座中,中国科学院院士陈祖煜全面介绍了基于可靠度理论的分项系数标定方法和相关研究[33]。2022 年,国际土力学与岩土工程学会风险评估与管理技术委员会(TC304)发表了综述文章 *Time Capsule for Geotechnical Reliability and Risk*,对岩土工程可靠度的发展历史进行了详细的回顾[34]。

基于可靠度理论的极限状态设计法、荷载抗力系数设计法等内容已在国内外规范中获得了广泛的应用。国际标准化组织最早于 1986 年发布了《结构可靠性设计总原则》(ISO 2394)[35]。欧洲规范中的 EN1990 结构设计[36] 和 EN1997 岩土工程设计[37] 推荐了基于可靠度理论和分项系数的极限状态设计方法。1978 年,美国建筑技术中心结构分部展开概率的极限状态设计荷载研究,进而发布了美国国家标准[38,39]。美国材料与试验协会(American Society for Testing and Materials,ASTM)发布的标准[40] 中也介绍了可靠度的概念。美国联邦公路管理局(Federal Highway Administration,FHWA)[41] 和国家公路与运输协会(American Association of State Highway and Transportation Officials,AASHTO)[42] 将基于可靠度的荷载抗力系数方法写入工程建设相关规范中。加拿大标准协会发布的高速公路桥梁建设规范也推荐将可靠度方法应用于岩土工程设计[43]。欧洲标准委员会将可靠度方法写入了岩土工程规范 Eurocode 7: Geotechnical Design[44]。日本国土交通省发布了《建筑及公共设施结构设计基础》[45,46],推荐基于可靠度原理的设计方法。在我国,基于可靠度原理的设计方法也被多部规范采纳,如《工程结构可靠性设计统一标准》(GB 50153—2008)[47]、《建筑结构可靠性设计统一标准》(GB 50068—2018)[48]、《铁路工程结构可靠性设计统一标准》(GB 50216—2019)[49]、《公路工程结构可靠性设计统一标准》(JTG 2120—2020)[50]、《港口工程结构可靠性设计统一标准》(GB 50158—2010)[51]、《水利水电工程结构可靠性设计统一标准》(GB 50199—2013)[52]、《地基基础设计标准》(DGJ 08-11—2018)[53]等。

对于简单的显式极限状态方程问题,岩土可靠度分析可方便地通过 Excel 等软件工具实现。对于复杂岩土及地质工程问题,其功能函数和极限状态方程往往不具备显式解析表达式,常需利用有限单元法、有限差分法、离散元法、物质点法等数值分析方法来进行求解。由于目前大多数岩土工程数值分析软件都不具备可靠度分析功能,复杂岩土及地质工程问题的可靠度分析一直是岩土可靠度理论的应用瓶颈。解决这一难题主要有两条技术路线,一是开发兼具确定性分析和可靠度分析功能的岩土数值分析软件,二是利用已有岩土数值分析软件进行可靠度分析。相比而言,第二条技术路线更容易实现,且传统从业人员无需学习新的岩土工程数值分析软件。本书主要介绍复杂岩土及地质工程可靠度分析第二条技术路线的实现方法。

本章剩余部分将重点介绍岩土及地质工程不确定性数学模型及抽样方法。接下来各章将从岩土可靠度理论的基本概念和方法出发,阐释不同复杂岩土及地质工程可靠度分析原理和算法,结合常见岩土数值分析软件给出相关的程序代码和算例,为岩土及地质工程从业人员开展复杂岩土及地质工程的可靠度分析提供有效的工具。

1.3 岩土及地质工程不确定性数学模型及抽样方法

1.3.1 随机变量及其概率分布模型

在岩土及地质工程中,一方面,各类岩土体参数常伴随着不确定性;另一方面,岩土及地质工程力学机理、计算条件、计算模式等方面也存在着一定的不确定性。在可靠度分析中,可使用概率方法对这些不确定性进行定量表述。某一随机变量 X 的累积分布函数(Cumulative Distribution Function, CDF) $F_X(x)$ 定义为

$$F_X(x) = P(X \leqslant x) \tag{1-1}$$

式中,$P(X \leqslant x)$ 表示随机变量 X 取值小于或等于 x 的概率。

如果一个随机变量的可能取值是有限的,或其可能取值虽然有无限个,但是可列,则称该随机变量为离散型随机变量。对于一个离散型随机变量 X,其不确定性可以使用概

复杂岩土及地质工程可靠度分析方法

率质量函数(Probability Mass Function，PMF) $f_{X,\mathrm{PMF}}(x)$ 来描述：

$$f_{X,\mathrm{PMF}}(x)=\begin{cases}P(X=x), & x\in\{x_1,x_2,\cdots\}\\ 0, & \text{其他}\end{cases} \quad (1\text{-}2)$$

式中 $\{x_1,x_2,\cdots\}$ —— X 的可能取值的集合；

$P(X=x)$ —— X 取值为 x 的概率。

如果一个随机变量的可能取值有无限个且这些可能取值是连续的，则称该随机变量为连续型随机变量。连续型随机变量的概率密度函数(Probability Density Function，PDF) $f_X(x)$ 与累积分布函数 $F_X(x)$ 的关系为

$$f_X(x)=\frac{\mathrm{d}}{\mathrm{d}x}F_X(x) \quad (1\text{-}3)$$

随机变量的统计特征常用来表征随机变量的不确定性特征。对于一个离散型随机变量 X，其均值(也常称为数学期望)可定义为

$$E(X)=\sum x_i f_{X,\mathrm{PMF}}(x_i) \quad (1\text{-}4)$$

对于一个连续型随机变量 X，其数学期望或均值 $E(X)$ 描述了随机变量的平均取值情况和数据的中心趋势，可定义为

$$E(X)=\int_{-\infty}^{+\infty} x f_X(x)\mathrm{d}x \quad (1\text{-}5)$$

随机变量的函数通常也是随机变量，其均值也可以基于原随机变量的分布进行计算。对于离散型随机变量 X 的函数 $g(X)$，其均值可表示为

$$E[g(X)]=\sum g(x_i)P(X=x_i) \quad (1\text{-}6)$$

对于连续型随机变量 X 的函数 $g(X)$，其均值可表示为

$$E[g(X)]=\int_{-\infty}^{+\infty} g(x) f_X(x)\mathrm{d}x \quad (1\text{-}7)$$

对于随机变量 X，其方差可定义为

$$Var(X)=E\{[X-E(X)]^2\}=E(X^2)-[E(X)]^2 \quad (1\text{-}8)$$

方差的算术平方根称为标准差。方差和标准差表征了随机变量不确定性的大小。

在岩土及地质工程问题中，常涉及多个随机变量。协方差可描述两个随机变量的线性相关关系。对于随机变量 X 和 Y，其协方差可定义为

$$Cov(X,Y)=E\{[X-E(X)][Y-E(Y)]\}=E(XY)-E(X)E(Y) \quad (1\text{-}9)$$

对于随机变量 X 和 Y，其相关系数可定义为

$$\rho_{X.Y} = \frac{Cov(X, Y)}{\sqrt{Var(X)Var(Y)}} \tag{1-10}$$

1.3.2　常用的概率分布

1. 二项分布

若一系列相同的随机事件，它们每次的发生相互独立且概率相同，则可以用二项分布来描述它们。二项分布随机变量 X 的概率质量函数为

$$P(X=k) = C_n^k p^k (1-p)^{n-k}, \quad k \in \{0, 1, \cdots, n\} \tag{1-11}$$

式中　n ——独立重复试验次数；

　　　p ——每次试验事件发生的概率；

　　　C_n^k ——从 n 项中一次取 k 项的组合数。

X 的均值和方差分别为

$$E(X) = np \tag{1-12}$$

$$Var(X) = np(1-p) \tag{1-13}$$

在 MATLAB 软件中已内置了离散型均匀分布的相关函数，其概率质量函数可使用 binopdf. m 函数计算，累积分布函数可使用 binocdf. m 计算。若需要生成离散型均匀分布的随机数，可使用 binornd. m 函数。

【例 1.1】　在一批混凝土试块中，预计强度合格的概率为 0.9。现准备取 10 个试块进行试验，试求合格试块数目的概率质量函数以及合格试块数目小于 8 的概率。

扫描二维码获取本算例代码

解：用 X 表示合格试块数目。由题意可知，服从参数为 $n=10$，$p=0.9$ 的二项分布。其概率质量函数可由式(1-11)计算：

$$P(X=k) = C_{10}^k 0.9^k 0.1^{10-k}, \quad k \in \{0, 1, \cdots, 10\}$$

计算概率质量函数并绘出其图像(图 1-1)的 MATLAB 代码如下所示。

```
代码 1.1 MATLAB 中计算二项分布概率质量函数
1  n=10;p=0.9;
2  k=0:1:n;
3  P_k=binopdf(k,n,p);
4  % 以下为绘图代码
5  plot(k,P_k,'ko','MarkerFaceColor','k')
```

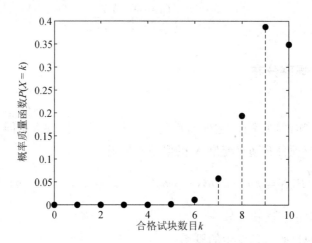

图 1-1　二项分布概率质量函数图像

代码 1.1 中,第三行 binopdf 为计算二项分布概率质量函数的 MATLAB 内置函数。合格试块数目小于 8 的概率可由以下代码计算。

代码 1.2 MATLAB 中计算例 1.1 所求概率
```
1  n=10;p=0.9;
2  P=binocdf(8,n,p)
```

代码 1.2 中,binocdf 为计算二项分布累积分布函数的 MATLAB 函数,可得概率为 0.263 9。

2. 正态分布

正态分布是应用最广泛的随机变量分布类型。若 X 服从正态分布,则 X 的概率密度函数计算公式可表示为

$$f(x) = \frac{1}{\sqrt{2\pi}\sigma} \exp\left[-\frac{(x-\mu)^2}{2\sigma^2}\right], \quad -\infty < x < +\infty \tag{1-14}$$

式中,μ 和 σ 分别为 X 的均值和标准差,即

$$E(X) = \mu \tag{1-15}$$

$$Var(X) = \sigma^2 \tag{1-16}$$

若 $\mu = 0$ 且 $\sigma^2 = 1$,则称该分布为标准正态分布,其概率密度函数常记为 $\phi(x)$:

$$\phi(x) = \frac{1}{\sqrt{2\pi}} \exp\left(-\frac{x^2}{2}\right), \quad -\infty < x < +\infty \tag{1-17}$$

标准正态分布的累积分布函数常记为 $\Phi(x)$,即

$$\Phi(x) = \int_{-\infty}^{x} \phi(t)\mathrm{d}t, \quad -\infty < x < +\infty \tag{1-18}$$

在 MATLAB 软件中已内置了正态分布的相关函数,其概率密度函数可使用 normpdf.m 函数计算,累积分布函数可使用 normcdf.m 计算。若需要生成正态分布的随机数,可使用 normrnd.m 函数。

【例 1.2】 在某次十字板剪切原位测试中,抗剪强度 s_u 的观测值 $s_{u,obs}$ 服从以其真实值为均值、标准差为 0.2 kPa 的正态分布。若 s_u 的真实值为 12.0 kPa,试生成观测值的模拟值,并绘出其统计直方图。

解: 可使用 MATLAB 生成的随机模拟值,并绘出统计直方图。以下为生成 10 000 个随机模拟值的代码。

```
代码 1.3 MATLAB 中生成例 1.2 中抗剪强度随机模拟观测值
1  mu=12.0;sigma=0.2;N=10000;
2  su_simu=normrnd(mu,sigma,N,1);
3  % 以下为绘图代码
4  histogram(su_simu);
```

代码 1.3 中,第 1 行将均值、标准差和模拟次数分别赋值给 mu、sigma 和 N;第 2 行使用 normrnd 函数生成正态分布随机数。由代码 1.3 可得 s_u 模拟观测值的直方图,如图 1-2 所示。可以看出,观测值 s_u 的分布是在真实值周围波动。

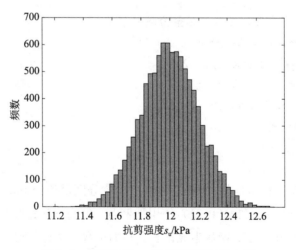

图 1-2　抗剪强度 s_u 模拟观测值的直方图

3. 对数正态分布

在岩土工程中,大量参数往往取非负值。而对数正态分布具有非负的特性,在岩土工程中应用广泛。若 X 的自然对数 $\ln X$ 服从正态分布,则 X 服从对数正态分布。对数

正态分布随机变量 X 的概率密度函数为

$$f(x) = \frac{1}{\sqrt{2\pi}\,\xi x} \exp\left[-\frac{(\ln x - \lambda)^2}{2\xi^2} \right], \quad 0 < x < +\infty \tag{1-19}$$

式中，λ 和 ξ 分别为 $\ln X$ 的均值和标准差，令 μ 和 σ 分别表示 X 的均值和标准差，其关系为

$$\lambda = \ln\mu - 0.5\xi^2 \tag{1-20}$$

$$\xi^2 = \ln(1+\delta^2) = \ln\left(1 + \frac{\sigma^2}{\mu^2}\right) \tag{1-21}$$

式中，$\delta = \sigma/\mu$ 为 X 的变异系数。

在 MATLAB 软件中已内置了正态分布的相关函数，其概率密度函数可使用 lognpdf.m 函数计算，累积分布函数可使用 logncdf.m 计算；若需要生成正态分布的随机数，可使用 lognrnd.m 函数。需要注意的是，以上两个函数中的输入参数为 $\ln X$ 的均值 λ 和标准差 ξ。

【例 1.3】 某边坡的黏聚力 c 服从均值为 $10.0\,\mathrm{kPa}$、标准差为 $2.0\,\mathrm{kPa}$ 的对数正态分布。试生成该边坡的黏聚力的模拟随机数，并绘出其统计直方图。

扫描二维码获取本算例代码

解： 可使用 MATLAB 生成的随机模拟值，先计算黏聚力对数的均值和标准差，再使用 MATLAB 内置的 lognrnd.m 函数。以下为生成 10 000 个随机模拟值的代码。

```
代码 1.4 MATLAB 中生成例 1.3 中黏聚力随机模拟值
1  mu=10.0;sigma=2.0;N=10000;
2  ksi=sqrt(log(1+sigma^2/mu^2));
3  lambda=log(mu)-0.5*ksi^2;
4  c_simu=lognrnd(lambda,ksi,N,1);
5  % 以下为绘图代码
6  histogram(c_simu);
```

代码 1.4 中，第 1 行将均值、标准差和模拟次数分别赋值给 mu、sigma 和 N；第 2 行和第 3 行是基于式（1-20）和式（1-21），使用黏聚力 c 的均值和标准差计算 $\ln c$ 的均值标准差；第 4 行使用 lognrnd.m 函数生成正态分布随机数。运行代码 1.4 可得黏聚力 c 模拟值的直方图，如图 1-3 所示。

4. 多元正态分布

对于一系列随机变量 $X_1, X_2, \cdots, X_n$ 组成的随机向量 $\boldsymbol{X} = (X_1, X_2, \cdots, X_n)^{\mathrm{T}}$，如果 $X_1, X_2, \cdots, X_n$ 的任意线性组合都服从正态分布，则 $\boldsymbol{X}$ 的分布类型为多元正态分

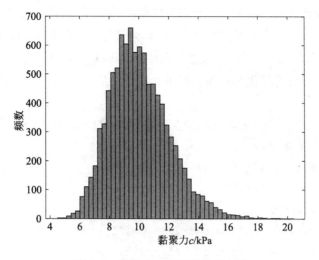

图 1-3　黏聚力 c 模拟值的直方图

布。X 的分布类型可由其均值向量 μ 和协方差矩阵 C 来确定，其中协方差矩阵 C 的行列式满足 $|C| \geqslant 0$。若协方差矩阵 C 的行列式满足 $|C| > 0$，则多元正态分布的概率密度函数可表示为

$$f(x) = \frac{1}{(2\pi)^{\frac{n}{2}} \sqrt{|C|}} \exp\left[-\frac{1}{2}(x-\mu)^{\mathrm{T}} C^{-1}(x-\mu)\right] \tag{1-22}$$

其中，均值向量 μ 和协方差矩阵 C 可以表示为

$$\mu = (\mu_1, \mu_2, \cdots, \mu_n)^{\mathrm{T}} \tag{1-23}$$

$$C = \begin{pmatrix} \sigma_1^2 & \rho_{12}\sigma_1\sigma_2 & \cdots & \rho_{1n}\sigma_1\sigma_n \\ & \sigma_2^2 & \cdots & \rho_{2n}\sigma_2\sigma_n \\ & & \ddots & \vdots \\ \text{对称} & & & \sigma_n^2 \end{pmatrix} \tag{1-24}$$

式中　μ_i，σ_i —— X_i 的均值的标准差；

ρ_{ij} —— X_i 和 X_j 之间的相关系数。

如果 $|C| = 0$，多元正态分布仍有意义，但其概率密度函数不能表示成式(1-22)的形式。

在 MATLAB 软件中已内置了多元正态分布的相关函数，其概率密度函数可使用 mvnpdf.m 函数计算，累积分布函数可使用 mvncdf.m 计算。若需要生成正态分布的随机数，可使用 mvnrnd.m 函数。

【例 1.4】　某边坡的黏聚力 c 和内摩擦角 φ 服从多元正态分布，即 $\ln c$ 和 $\ln \varphi$ 服从多元正态分布。黏聚力 c 的均值为 10.0 kPa，标准差为 2.0 kPa；内摩擦角 φ 的均值为 35.0°，标准差为 3°。$\ln c$ 和 $\ln \varphi$ 的相关系数

扫描二维码获取本算例代码

为一0.5。试生成该边坡的黏聚力 c 和内摩擦角 φ 的模拟随机数,绘出散点图。

解:可使用 MATLAB 生成的随机模拟值,先计算 $\ln c$ 和 $\ln \varphi$ 的均值和标准差,进而得到它们的均值向量和协方差矩阵,进而利用 mvnrnd.m 函数生成 $\ln c$ 和 $\ln \varphi$ 的随机数,最后对它们取指数可转化为 c 和 φ 即可。以下为生成 10 000 个随机数的代码。

```
代码 1.5 MATLAB 中生成例 1.4 中黏聚力和内摩擦角随机模拟值并绘出散点图
1  mu_c=10.0;sigma_c=2.0;
2  ksi_c=sqrt(log(1+sigma_c^2/mu_c^2));
3  lambda_c=log(mu_c)-0.5* ksi_c^2;
4  mu_phi=35.0;sigma_phi=3.0;
5  ksi_phi=sqrt(log(1+sigma_phi^2/mu_phi^2));
6  lambda_phi=log(mu_phi)-0.5* ksi_phi^2;
7  MU=[lambda_c lambda_phi];
8  C=[ksi_c^2 0.5* ksi_c* ksi_phi;
9    0.5* ksi_c* ksi_phi ksi_phi^2];
10  cphi_simu=exp(mvnrnd(MU,C,10000));
11  % 以下为绘图代码
12  plot(cphi_simu(:,1),cphi_simu(:,2),'ko')
```

运行可得黏聚力 c 和内摩擦角 φ 的模拟随机数散点图如图 1-4 所示。

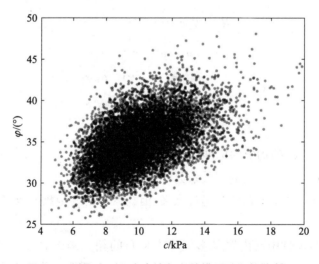

图 1-4　黏聚力 c 和内摩擦角 φ 的模拟随机数散点图

5. 其他分布类型

表 1-2 和表 1-3 总结了在岩土及地质工程问题中常见的离散型以及连续型随机变量的概率分布类型,以及在 MATLAB 软件中调用这些概率分布模型使用的相关函数。

表 1-2　岩土及地质工程问题中常见的离散型随机变量的概率分布类型

概率分布名称	记号及分布参数	概率质量函数	均值 $E(X)$	方差 $Var(X)$	MATLAB 相关函数
离散型均匀分布	$\{1, 2, \cdots, N\}$：可能的整数取值集合	$P(X=k)=\dfrac{1}{N}$, $k\in\{1, 2, \cdots, N\}$	$\dfrac{N+1}{2}$	$\dfrac{N^2-1}{12}$	PMF：unidpdf. m CDF：unidcdf. m INV：unidinv. m RND：unidrnd. m
二项分布	$X\sim B(n, p)$ n：试验次数 p：每次试验随机事件的发生概率	$P(X=k)$ $=C_n^k p^k(1-p)^{n-k}$, $k\in\{0, 1, \cdots, n\}$	np	$np(1-p)$	PMF：binopdf. m CDF：binocdf. m INV：binoinv. m RND：binornd. m
泊松分布	$X\sim P(\lambda)$ λ：单位时间内随机事件的平均发生次数	$P(X=k)=\mathrm{e}^{-\lambda}\dfrac{\lambda^k}{k!}$, $k\in\{0, 1, \cdots\}$	λ	λ	PMF：poisspdf. m CDF：poisscdf. m INV：poissinv. m RND：poissrnd. m
几何分布	$X\sim GE(p)$ p：每次试验随机事件的发生概率	$P(X=k)=p(1-p)^{k-1}$, $k\in\{0, 1, \cdots\}$	$\dfrac{1}{p}$	$\dfrac{1-p}{p^2}$	PMF：geopdf. m CDF：geocdf. m INV：geoinv. m RND：geornd. m

注：PMF—概率质量函数；CDF—累积分布函数；INV—累积分布函数的反函数；RND—生成随机数的函数。

表 1-3　岩土及地质工程问题中常见的连续型随机变量的概率分布类型

概率分布名称	记号及分布参数	概率密度函数	均值 $E(X)$	方差 $Var(X)$	MATLAB 相关函数
连续型均匀分布	$X\sim U(a, b)$ a：X 取值区间左端点 b：X 取值区间右端点	$f(x)$ $=\begin{cases}\dfrac{1}{b-a}, & a<x<b \\ 0, & \text{其余}\end{cases}$	$\dfrac{a+b}{2}$	$\dfrac{(b-a)^2}{12}$	PDF：unifpdf. m CDF：unifcdf. m INV：unifinv. m RND：unifrnd. m
正态分布	$X\sim N(\mu, \sigma^2)$ μ：X 的均值 σ：X 的标准差	$f(x)=$ $\dfrac{1}{\sqrt{2\pi}\sigma}\exp\left[-\dfrac{(x-\mu)^2}{2\sigma^2}\right]$, $-\infty<x<+\infty$	μ	σ^2	PDF：normpdf. m CDF：normcdf. m INV：norminv. m RND：normrnd. m
对数正态分布	$X\sim \ln(\lambda, \xi^2)$ λ：$\ln X$ 的均值 ξ：$\ln X$ 的标准差	$f(x)=\dfrac{1}{\sqrt{2\pi}\xi x}\cdot$ $\exp\left[-\dfrac{(\ln x-\lambda)^2}{2\xi^2}\right]$, $0<x<+\infty$	$\exp\left(\lambda+\dfrac{1}{2}\xi^2\right)$	$[\exp(\xi^2)-1]\cdot$ $\exp(2\lambda+\xi^2)$	PDF：lognpdf. m CDF：logncdf. m INV：logninv. m RND：lognrnd. m

（续表）

概率分布名称	记号及分布参数	概率密度函数	均值 $E(X)$	方差 $Var(X)$	MATLAB相关函数
指数分布	$X \sim E(\lambda)$ λ：单位时间内随机事件的平均发生率	$f(x) = \lambda \exp(-\lambda x)$, $0 < x < +\infty$	$\dfrac{1}{\lambda}$	$\dfrac{1}{\lambda^2}$	PDF：lognpdf. m CDF：logncdf. m INV：logninv. m RND：lognrnd. m
Gamma分布	$X \sim \Gamma(\alpha, \beta)$ α：非负形状参数 β：非负比率参数	$f(x) = \dfrac{\beta^x}{\Gamma(\alpha)} x^{\alpha-1} \cdot$ $\exp(-\beta x), 0 < x < +\infty$	$\dfrac{\alpha}{\beta}$	$\dfrac{\alpha}{\beta^2}$	PDF：gampdf. m CDF：gamcdf. m INV：gaminvm. RND：gamrnd. m
Weibull分布	$X \sim \text{Weibull}(\lambda, k)$ λ：非负比例参数 k：非负形状参数	$f(x) = \dfrac{k}{\lambda} \left(\dfrac{x}{\lambda}\right)^{k-1} \cdot$ $\exp\left[-\left(\dfrac{x}{\lambda}\right)^k\right]$, $0 \leqslant x < +\infty$	$\lambda\Gamma\left(1 + \dfrac{1}{k}\right)$	$\lambda^2\left[\Gamma\left(1 + \dfrac{2}{k}\right) - \Gamma\left(1 + \dfrac{1}{k}\right)^2\right]$	PDF：wblpdf. m CDF：wblcdf. m INV：wblinv. m RND：wblrnd. m
多元正态分布	$\boldsymbol{X} \sim MVN(\boldsymbol{\mu}, \boldsymbol{\Sigma})$ $\boldsymbol{\mu}$：$\boldsymbol{X}$ 的均值向量 $\boldsymbol{C}$：$\boldsymbol{X}$ 的协方差矩阵	$f(\boldsymbol{x}) = \dfrac{1}{(2\pi)^{\frac{n}{2}}\sqrt{|\boldsymbol{C}|}}$ $\exp\left[-\dfrac{1}{2}(\boldsymbol{x}-\boldsymbol{\mu})^{\text{T}}\boldsymbol{C}^{-1} \cdot\right.$ $\left.(\boldsymbol{x}-\boldsymbol{\mu})\right], |\boldsymbol{C}| > 0$	$\boldsymbol{\mu}$	$\boldsymbol{C}$	PDF：mvnpdf. m CDF：mvncdf. m INV：mvninv. m RND：mvnrnd. m

注：PDF—概率密度函数；CDF—累积分布函数；INV—累积分布函数的反函数；RND—生成随机数的函数。

1.4 失效概率和可靠度指标

1.4.1 功能函数和极限状态方程

影响土木工程的功能问题的主要因素可以广义地归纳为荷载与抗力。令 Q 表示荷载，R 表示抗力。某工程设施的功能函数 Z 可定义为

$$Z = R - Q \qquad (1-25)$$

可以看出，$Z > 0$ 时，荷载小于抗力，工程设施满足功能要求；$Z < 0$ 时，荷载大于抗力，意味着工程设施失效；$Z = 0$ 时，工程设施处于极限状态。因此，常把 $Z = 0$ 对应的方程称为极限状态方程。

$$Z = R - Q = 0 \qquad (1-26)$$

在具体的岩土及地质工程问题中,功能函数常直接表示为各个随机变量的函数形式:

$$Z = g(X_1, X_2, \cdots, X_n) \tag{1-27}$$

式中,X_1,X_2,$\cdots$,X_n 表示岩土及地质工程问题中的一系列基本的随机变量,如土的黏聚力、内摩擦角等。例如,在分析浅基础竖向承载力可靠性时,可取 $Z = q - q_u(c, \varphi)$,其中 q 为上部荷载,$q_u(c, \varphi)$ 为由黏聚力 c 和内摩擦角 φ 计算的浅基础承载力;在分析边坡稳定性时,常取 $Z = F_s(c, \varphi) - 1$ 或 $Z = \ln F_s(c, \varphi)$,其中 $F_s(c, \varphi)$ 为由黏聚力 c 和内摩擦角 φ 计算的边坡安全系数。

1.4.2　可靠度指标与失效概率

由 1.4.1 节的分析可知,功能函数是各个基本随机变量的函数,功能函数值 Z 自身也是一个随机变量。在考察岩土及地质工程的可靠度时,常关心工程设施失效的可能性大小。

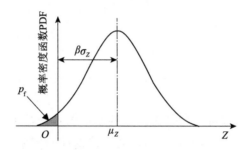

图 1-5　功能函数 Z 的分布与失效区域的关系示意图

如图 1-5 所示,功能函数 Z 的分布与失效区域的距离可以用来衡量 $Z < 0$ 的概率大小。在此,定义可靠度指标为[18]

$$\beta = \frac{\mu_Z}{\sigma_Z} \tag{1-28}$$

式中　μ_Z ——Z 的均值;

σ_Z ——Z 的标准差。

在实际计算中常使用多元正态分布模拟岩土及地质工程问题中涉及的随机变量,或将它们转化为多元正态分布随机变量。$Z < 0$ 的概率称为失效概率。失效概率与功能函数的关系为

$$p_f = \int_{Z = g(X_1, X_2, \cdots, X_n) < 0} f(X_1, X_2, \cdots, X_n) \mathrm{d}X_1 \mathrm{d}X_2 \cdots \mathrm{d}X_n \tag{1-29}$$

式中,$f(X_1, X_2, \cdots, X_n)$ 表示 X_1,X_2,$\cdots$,X_n 的联合分布的概率密度函数。

由于 Z 受诸多不确定性因素影响,根据中心极限定理,很多情况下可近似认为 Z 服从正态分布,则此时失效概率与可靠度指标的关系为[28]

$$p_f = \Phi(-\beta) \tag{1-30}$$

【例 1.5】 假设荷载 Q 服从均值 $\mu_Q = 20.0$、标准差 $\sigma_Q = 2.0$ 的正态分布,抗力 R 服从均值为 μ_R、标准差 $\sigma_R = 4.0$ 的正态分布,荷载和抗力统计独立。根据式(1-28),要满足可靠度指标大于 3.0,μ_R 的取值至少为多大?

扫描二维码获取本算例代码

解: μ_R 的临界取值使得可靠度指标恰好等于 3.0。根据式(1-26)及正态分布的性质,可得

$$\mu_Z = \mu_R - \mu_Q$$
$$\sigma_Z = \sqrt{\sigma_R^2 + \sigma_Q^2}$$
$$\beta = \frac{\mu_Z}{\sigma_Z} = 3.0$$

求解以上方程可得

$$\mu_R = 33.42$$

故 μ_R 的取值应至少为 33.42。

1.5 小结

本章对岩土及地质工程可靠度分析问题的基本内容进行了介绍。首先从岩土及地质工程中的不确定性出发,介绍了岩土体性质不确定性的概率描述方法,包括随机变量和各类分布等;然后介绍了岩土及地质工程可靠度的基本概念和相关基础模型,包括可靠度分析中关心的失效概率和可靠度指标等;进一步通过相关算例和 MATLAB 代码对这些基础知识进行了巩固。本章回顾了岩土及地质工程可靠度分析的相关理论基础,方便读者学习和掌握后文各类可靠度分析方法。

参考文献

[1] Phoon K K, Kulhawy F H. Characterization of geotechnical variability[J]. Canadian Geotechnical Journal, 1999, 36(4): 612-624.

[2] Cornell C A. First-order uncertainty analysis of soil deformation and stability[A]//Publication of University of Hong Kong. Hong Kong: University of Hong Kong Press, 1972: 129-144.

[3] Hasofer A M. An exact and invariant first order reliability format[J]. Journal of Engineering Mechanics, 1974, 100(1): 111-121.

[4] Veneziano D. Contributions to second moment reliability theory (Research Report R74-33)[R]. Cambridge Massachusetts: Department of Civil Engineering, Massachusetts Instilute of Technology, 1974.

[5] Rackwitz R, Flessler B. Structural reliability under combined random load sequences[J]. Computers and Structures, 1978, 9(5): 489-494.

［6］Ditlevsen O. Generalized second moment reliability index［J］. Journal of Structural Mechanics，1979，7（4）：435-451.

［7］Benjamin J R, Cornell C A. Probability, statistics and decision for civil engineers［M］. New York：McGraw-Hill Book Company，1970.

［8］Ang A H, Tang W H. Probability concepts in engineering planning and design［M］. New York：John Wiley & Sons，Inc. ，1975.

［9］Ang A H, Tang W H. Probability concepts in engineering planning and design, vol. 2：Decision，risk，and reliability［M］. New York：John Wiley & Sons，Inc. ，1984.

［10］Ditlevsen O, Madsen H O. Structural reliability methods［M］. New York：John Wiley & Sons，Inc. ，1996.

［11］Haldar A, Mahadevan S. Probability，reliability，and statistical methods in engineering design［M］. New York：John Wiley & Sons Inc. ，2001.

［12］赵国藩. 工程结构可靠性理论与应用［M］. 大连：大连理工大学出版社，1996.

［13］张明. 结构可靠度分析：方法与程序［M］. 北京：科学出版社，2009.

［14］白国良，薛建阳，吴涛. 工程荷载与可靠度设计原理［M］. 北京：中国建筑工业出版社，2021.

［15］李杰. 工程结构可靠性分析原理［M］. 北京：科学出版社，2021.

［16］金伟良. 工程结构可靠度：理论、方法及其应用［M］. 北京：科学出版社，2022.

［17］李国强，黄宏伟，吴讯，等. 工程结构荷载与可靠度设计原理［M］. 5 版. 北京：中国建筑工业出版社，2022.

［18］高大钊. 土力学可靠性原理［M］. 北京：中国建筑工业出版社，1989.

［19］祝玉学. 边坡可靠性分析［J］. 北京：冶金工业出版社，1993.

［20］陈祖煜. 土质边坡稳定分析：原理·方法·程序［M］. 北京：中国水利水电出版社，2003.

［21］Baecher G B, Christian J T. Reliability and statistics in geotechnical engineering［M］. New York：John Wiley & Sons，Inc. ，2005.

［22］Fenton G A, Griffiths D V. Risk assessment in geotechnical engineering［M］. New York：John Wiley & Sons，Inc. ，2008.

［23］张璐璐，张洁，徐耀，等. 岩土工程可靠度理论［M］. 上海：同济大学出版社，2011.

［24］Phoon K K, Ching J. Risk and reliability in geotechnical engineering［M］. Boca Raton, FL，USA：CRC Press，2015.

［25］李典庆，唐小松，周创兵. 基于 Copula 理论的岩土体参数不确定性表征与可靠度分析［M］. 北京：科学出版社，2015.

［26］李典庆，蒋水华. 边坡可靠度非侵入式随机分析方法［M］. 北京：科学出版社，2016.

［27］李典庆，唐小松，曹子君. 基于 ISO 2394 的岩土工程可靠度设计［M］. 北京：中国水利水电出版社，2017.

［28］Zhang J, Xiao T, Ji J, et al. Geotechnical reliability analysis：Theories，methods，and algorithms［M］. Shanghai：Tongji University Press，2021.

［29］Lacasse S. Protecting society from landslides-the role of the geotechnical engineer, 8th Terzaghi Oration［C］. Proceedings of the 18th international conference on soil mechanics and geotechnical engineering，Paris. 2013.

[30] Christian J T. Geotechnical engineering reliability：How well do we know what we are doing? [J]. Journal of Geotechnical and Geoenvironmental Engineering，2004，130(10)：985-1003.

[31] ASCE Pittsburgh Section. ASCE Terzaghi lecture：Geotechnical systems，uncertainty，and risk by Professor Gregory Baecher [EB/OL]. (2021-11-12). [2022-07-05] https://www. asce-pgh. org/ event-4563505.

[32] Lacasse S. The 55th Rankine Lecture：Hazard，risk and reliability in geotechnical practice[R]. UK：The British Geotechnical Association，Institution of Civil Engineers，2015.

[33] 陈祖煜. 建立在相对安全率准则基础上的岩土工程可靠度分析与安全判据[J]. 岩石力学与工程学报，2018，37(3)：521-544.

[34] Chwała M，Phoon K K，Uzielli M，et al. Time capsule for geotechnical risk and reliability[J]. Georisk：Assessment and Management of Risk for Engineered Systems and Geohazards，2022：1-28.

[35] International Standard Organization (ISO). General principles on reliability for structrues (ISO 2394—2015)[S]. International Standard Organization，2015.

[36] Comite Europeen De Normalisation (CEN). EN1990：2002 Eurocode：Basis of Structural Design [S]. Brussels：Europeal Committee for Standardization，2002.

[37] Comite Europeen De Normalisation (CEN). EN1997-1：2004 Eurocode 7：Geotechnical Design — Part 1：General Rules[S]. Brussels：Europeal Committee for Standardization，2004.

[38] Ellingwood B，Galambos T V，MacGregor J G，et al. Development of a probability based load criterion for American National Standard A58[R]. Washington D C：National Bureau of Standard Department of Commerce，1980.

[39] American National Standards Institute (ANSI). Design loads for buildings and other structures，minimum (ANSI A58. 1：1982) [S]. Washington D C：American National Standards Institute，1982.

[40] ASTM International. Standard Guide for General Reliability (ASTM E3159-21) [S]. West Conshohocken：ASTM International，2021.

[41] U S Department of Transportation Federal Highway Administration (FHWA). Load and Resistance Factor Design (LRFD) for Highway Bridge Substructures，Publication No. FHWA HI-98-032[S]. Washington D C：National Highway Institute，2001.

[42] American Association of State Highway and Transportation Officials (AASHTO)，AASHTO LRFD Bridge Design Specifications[S]. 9th edition. Washington，D. C.：AASHITO，2020.

[43] Canadian Standards Association. Canadian Highway Bridge Design Code：CAN/CSA-S6-14. 2014 [S]. Mississauga：CSA Group，2014.

[44] European Committee for Standardization. EN 1997-1 Eurocode 7：Geotechnical Design — Part 1：General Rules[S]. Brussels：European Committee for Standardization，2004.

[45] 国土交通省. 土木・建築にかかる設計の基本[S]. 東京：国土交通省，2002.

[46] Ministry of Land，Infrastructure and Transport (MLIT). Basis of Structural Design for Buildings and Public Works[S]. Tokyo：Ministry of Land，Infrastructure and Transport，2002.

[47] 中华人民共和国住房和城乡建设部. 工程结构可靠性设计统一标准：GB 50153—2008[S]. 北京：

中国建筑工业出版社，2008.

［48］中华人民共和国住房和城乡建设部. 建筑结构可靠性设计统一标准：GB 50068—2018［S］. 北京：中国建筑工业出版社，2018.

［49］中华人民共和国住房和城乡建设部. 铁路工程结构可靠性设计统一标准：GB 50216—2019［S］. 北京：中国建筑工业出版社，2020.

［50］中华人民共和国交通运输部. 公路工程结构可靠性设计统一标准：JTG 2120—2020［S］. 北京：中国建筑工业出版社，2020.

［51］中华人民共和国住房和城乡建设部. 港口工程结构可靠性设计统一标准：GB 50158—2010［S］. 北京：中国计划出版社，2010.

［52］中华人民共和国住房和城乡建设部. 水利水电工程结构可靠性设计统一标准：GB 50199—2013 ［S］. 北京：中国计划出版社，2013.

［53］上海市住房和城乡建设管理委员会. 地基基础设计标准：DGJ 08-11—2018［S］. 上海：同济大学出版社，2019.

第2章

通用数值分析程序调用方法

复杂岩土及地质工程问题中安全系数、沉降变形等指标的计算公式通常不具备显式表达式,需通过数值分析模型进行分析。由于大多数数值分析软件都没有可靠度分析模块,在借助第三方数值分析软件进行可靠度分析时,不可避免地会涉及数值分析软件和可靠度分析程序之间的数据交互。目前,岩土工程常用的数值分析软件包括 FLAC[3D]、GeoStudio、ABAQUS 等。其中,FLAC[3D] 软件采用命令流和内置 fish 编程语言来驱动和控制数值分析模型的计算,在二次开发方面具有独特的优势。本章将以 FLAC[3D] 为例,介绍其与 MATLAB 程序之间数据交互的实现方法,为编制复杂岩土及地质工程的可靠度分析程序提供基础。

2.1 软件简介

2.1.1 有限差分数值软件 FLAC[3D] 简介

有限差分数值软件 FLAC[3D](Fast Lagrangian Analysis of Continua in Three-Dimensions)是 Itasca 公司开发的一款连续介质力学有限差分数值分析软件[1]。FLAC[3D] 作为有限差分数值软件,在算法上具有以下优点[2]:①采用"混合离散法"模拟材料的塑性变形,相比有限元法中常采用的"离散集成法"更为准确、合理;②采用运动方程求解,使得模拟物理上不稳定过程中不存在数值上的障碍;③采用显式差分法求解微分方程,不要求很大的计算机内存,且可将小变形叠加得到大变形,避免了推导大变形本构关系的问题。FLAC[3D] 专为岩土工程问题而开发,内置丰富的岩土弹塑性本构模型,计算模式包括静力、动力、蠕变等模式,可配合多种结构单元,考虑复杂岩土体与结构之间的相互作用。FLAC[3D] 主要采用命令流驱动方式,通过编写命令流控制软件的运行,因此很适合基于数值分析的二次开发。本书采用 FLAC[3D] 的 7.0 版本进行介绍。需要说明的是,命令流的具体词汇在 FLAC[3D] 的 6.0 版本前后有较明显的变化,但语法在总体上是具有连贯性的,且新、旧命令流之间可以进行转化。

2.1.2 MATLAB 简介

MATLAB 是美国 MathWorks 公司出品的商业数学计算软件[3]。其编程语言基于 C++ 语言,因此语法特征与 C++ 语言极为相似,但是针对科技人员对数学表达式的书写习惯进行了优化,使之有利于非计算机专业的科技人员使用,并且这种语言可移植性好、可拓展性极强,使 MATLAB 深入到科学研究及工程计算各个领域。此外,MATLAB 集成了大量功能强大的算法和数学运算函数,大大减少了编程工作量,使得科技工作者的计算需求更加容易实现。本书将采用 MATLAB 实现与其他软件之间的数据交互,在此基础上进一步编写各类可靠度算法,以方便对复杂岩土工程问题进行可靠度分析。

2.2 FLAC³ᴰ 与 MATLAB 的数据流接口

在岩土及地质工程可靠度分析问题中,岩土体不确定性参数可称为 FLAC³ᴰ 的输入变量。对于给定的输入变量,通过 FLAC³ᴰ 获得分析结果后,需要将获得的数值响应输出,并由 MATLAB 软件作数据的后处理。为了实现可靠度分析程序自动化,可以采用 MATLAB 编写程序,结合 FLAC³ᴰ 软件的命令流和 FLAC³ᴰ 软件内置的 fish 语言,实现对 FLAC³ᴰ 软件的自动调用和关闭,以及两个软件之间数据输入和输出的交互功能。

图 2-1 给出了可靠度分析中 FLAC³ᴰ 和 MATLAB 的数据交互流程示意图。首先可采用 MATLAB 生成 FLAC³ᴰ 计算所需的输入变量,并将该变量保存到数据文件中。例如,可以通过 MATLAB 函数 writematrix.m 将输入变量保存至“data.txt”文件中(读者也可以根据需要选择合适的函数和自定义文件名)。MATLAB 可通过 system.m 函数执行 Windows 系统命令实现对 FLAC³ᴰ 可执行程序的调用同时指定 FLAC³ᴰ 执行命令流文本;FLAC³ᴰ 根据命令流文本中的命令,读取输入变量并执行计算;FLAC³ᴰ 完成计算后会根据命令流文本中的命令,将计算结果保存至文件中完成输出,然后自动退出;MATLAB 读取分析结果的数据文件,并进行后续分析。例如,FLAC³ᴰ 可以将结果输出至“res.txt”文件中,进而 MATLAB 可使用 importdata.m、readmatrix.m 等函数来读取分析结果的数据文件。

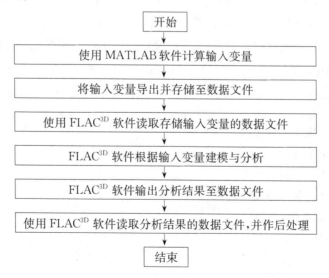

图 2-1 FLAC³ᴰ 和 MATLAB 的数据交互流程图

上述数据交互过程中,FLAC³ᴰ 退出后 Windows 系统会生成调用情况代码,并返回到 MATLAB 中:如果调用情况代码为 0,则代表 MATLAB 成功完成对 FLAC³ᴰ 的调用和数值计算并退出 FLAC³ᴰ;如果调用情况代码为非 0 数字,则表示出现调用错误。这类异常情况,通常是由于 Windows 系统命令调用 FLAC³ᴰ 失败或 FLAC³ᴰ 异常关闭造成的。尽管这种情况出现的频率不高,一旦出现就会造成程序中断。为提高程序的鲁棒性,可设置一个条件循环语句,使得调用情况代码为非 0 的情况下,重复执行对 FLAC³ᴰ 的调用,从而避免异常情况对程序造成中断,具体如代码 2.1 所示。

代码 2.1 MATLAB 中调用 FLAC³ᴰ 软件

```
1  status=1;
2  while status~=0
3    status=system([Dir,' call "model.f3dat"']);
4    if status~=0
5      fprintf(2,strcat('!!! Abnormal exit code:',{32},string(status),'\n'))
6    end
7  end;
```

代码 2.1 中,Dir 为存储 FLAC³ᴰ 可执行程序"flac3d700_gui. exe"路径的字符串变量,如路径中包含空格,可在路径两端增加双引号,如通过如下代码定义 Dir。

代码 2.2 MATLAB 中定义 FLAC³ᴰ 可执行程序"flac3d700_gui.exe"路径示例

```
1  Dir='"B:\Program Files\FLAC3D700\exe64\flac3d700_gui.exe"';
```

将以上代码 2.2 保存为 MATLAB 脚本文件 DefDir. m,在需要调用 FLAC³ᴰ 时运行代码"DefDir"即可实现定义 Dir,从而在需要更新路径时只需要修改 DefDir. m 文件而不需要修改每一调用 FLAC³ᴰ 处。通过字段 call 可以在 FLAC³ᴰ 程序运行后执行一项指令,如第 3 行中指定 FLAC³ᴰ 在开启后指定执行一个命令流文本"model. f3dat";status 为系统返回 MATLAB 的对 FLAC³ᴰ 调用情况代码。fprintf 函数用于实时显示造成异常调用的错误调用情况代码。命令流文本"model. f3dat"中,通过的 fish 函数 file. open,file. read 和 file. close 读取 data. txt 中的输入变量,具体如代码 2.3 所示。

代码 2.3 FLAC³ᴰ 从外部数据文件读取输入变量

```
1  fish define InputData
2    Array data(N1)
3    file.open('data.txt',0,1)
4    file.read(data,N2)
5    file.close
6  end
7  @ InputData
```

代码 2.3 中,第 1 行至第 6 行定义了 fish 语言的函数 InputData;第 7 行为 FLAC³ᴰ 的命令流,用来调用定义好的函数 InputData。第 2 行定义了 FLAC³ᴰ 软件中名为"data"的数组,N1 为数组长度。第 3 行为文件读取操作,file. open 的第二个参数为 0 代表只读操作,从而获得文件句柄 file 以进行下一步操作。第 4 行中的 N2 代表读取"data. txt"文件中的前 N2 行存储进数组 data。数组 data 的内存空间是根据 N1 的值分配的,而 N2 由需要读取的输入变量的数据量确定。为了防止读取数据时出错,一般应设置 N1 大于 N2。第 7 行通过符号"@",使 FLAC³ᴰ 执行调用 fish 函数的命令,以调用定义好的函数 InputData。

在完成计算后通过命令流文本"model. f3dat"中 file. open、file. write 和 file. close 将数值响应保存至 res. txt 文件中,并通过 quit 命令在运行结束后自动退出 FLAC³ᴰ 程序。具体如代码 2.4 所示。

代码 2.4 FLAC³ᴰ 中输出分析结果至数据文件

```
1  fish define SaveData
2    file.open('res.txt',1,1)
3    file.write(res,N3)
4    file.close
5  end
6  @ SaveData
7  quit
```

代码 2.4 中,第 1 行至第 5 行定义了 fish 语言的函数 SaveData;第 6 行为 FLAC³ᴰ 的命令调用定义好的函数 SaveData。第 2 行为文件写入操作,file. open 的第 2 个参数为 1,代表允许写入,从而获得文件句柄 file 以进行下一步操作。第 3 行为将数组 res 的前 N3 行存储进文件"res. txt"。数组 res 中的结果数据将在 FLAC³ᴰ 的分析计算中获得。为了更好地进行说明,下面将采用一个浅基础沉降算例对数据流接口进行说明。

2.2.1　示例:浅基础沉降问题

【例 2.1】　图 2-2 给出了某浅基础沉降有限差分模型网格示意图。由于该问题实际上为对称形式,因此选取一半建立数值模型。如图 2-2 所示,该半对称模型宽 30 m、高 30 m,土体泊松比为 0.3,土体重度为 19 kN/m³。浅基础在该半对称模型顶部简化模拟为一个宽度为 5 m、大小为 100 kPa 的均布荷载 q。由于采用平面应变模型,模型宽度取 1 m。该问题中地层

扫描二维码获取本算例代码

的弹性模量 E 和侧压力系数 K_0 中存在不确定性。选取 $x = [E, K_0]$ 作为研究的随机变量,即功能函数的输入参数。

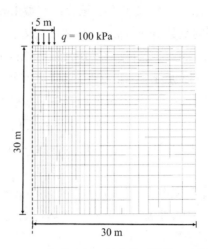

图 2-2　浅基础有限差分模型网格示意图

假设浅基础的最大允许沉降量取 0.1 m,则该问题的功能函数可以写为

$$G(\boldsymbol{y}) = g(\boldsymbol{x}) = 0.1 - S \tag{2-1}$$

式中　$\boldsymbol{y}$ ——将 $\boldsymbol{x}$ 转换到标准正态空间中的变量;$\boldsymbol{y}$ 的均值为零向量(记为 $\boldsymbol{0}$),标准差为各分量均为 1 的向量(记为 $\boldsymbol{1}$);

　　　$G(\cdot)$ ——标准正态空间中的功能函数;

　　　$g(\cdot)$ ——原始空间中的功能函数;

　　　S ——沉降值,需要通过数值模型计算获取。

为定量分析本算例涉及的不确定性,后续章节中将陆续介绍各种随机变量法和随机场法。以后续大多数章节采用的随机变量法为例,代码 2.5 给出了用于分析浅基础沉降 S 的 $FLAC^{3D}$ 命令流。随机场法相关的分析浅基础沉降 S 的 $FLAC^{3D}$ 命令流将在 10.5.1 节进行介绍。

代码 2.5 浅基础沉降分析 $FLAC^{3D}$ 命令流

```
1  model large-strain off
2  plot item create zone active on contour displacement
3  ;建立网格单元
4  zone create brick p 0 25 0 - 5 p 1 30 0 - 5 p 2 25 1 - 5 p 3 25 0 0 size 10 2 10
   group 'soil'
5  zone create brick p 0 25 0 - 30 p 1 30 0 - 30 p 2 25 1 - 30 p 3 25 0 - 5 size 10
   2 20 r 1 1 0.92 group 'soil'
6  zone create brick p 0 0 0 - 5 p 1 25 0 - 5 p 2 0 1 - 5 p 3 0 0 0 size 20 2 10 r
   0.92 1 1 group 'soil'
7  zone create brick p 0 0 0 - 30 p 1 25 0 - 30 p 2 0 1 - 30 p 3 0 0 - 5 size 20 2
   20 r 0.92 1 0.92 group 'soil'
```

```
8    ;建立边界约束条件
9    zone face skin
10   zone face apply velocity-normal 0 range group 'West' or 'East'
11   zone face apply velocity-normal 0 range group 'North' or 'South'
12   zone face apply velocity 0 0 0 range group 'Bottom'
13   ;赋予材料属性
14   zone cmodel assign elastic range group 'soil'
15   zone property density [soilD] young [soilE] poisson [soilP] range
     group 'soil'
16   ;进行初始地应力平衡
17   model gravity 10
18   zone initialize-stresses ratio [K0]
19   model solve
20   zone initialize state 0
21   zone gridpoint initialize displacement (0 0 0)
22   zone gridpoint initialize velocity (0 0 0)
23   ;施加浅基础的荷载计算沉降
24   zone face apply stress-zz - 100e3 range position-x 25 30 position-z 0
25   model solve
```

对于上述浅基础沉降数值分析，为方便利用 MATLAB 进行调用和二次开发，首先需要在执行代码 2.5 计算浅基础沉降之前，根据代码 2.3 定义并执行读取模型参数的 fish 函数，如代码 2.6 所示。

代码 2.6 FLAC^{3D} 中读取例 2.1 的模型参数

```
1    fish define InputData
2    Array xsamples(100)
3    file.open('x.txt',0,1)
4    file.read(xsamples,10)
5    file.close
6    soilE=float(xsamples(1))
7    K0=float(xsamples(2))
8    soilP=0.3
9    soilD=1900
10   end
11   @ InputData
```

在利用代码 2.5 完成浅基础沉降计算以后，需要利用 FLAC^{3D} 内置 fish 函数获取模型沉降量,并根据代码 2.4 定义并执行读取计算结果的 fish 函数,如代码 2.7 所示。

```
代码 2.7 FLAC3D 中输出例 2.1 中浅基础沉降量计算结果
1  fish define saveData
2      array deformation(1)
3      deformation(1)=-gp.disp.z(gp.near(30,0.5,0))
4      file.open('FLACres.txt',1,1)
5    file.write(deformation,1)
6    file.close
7  end
8  @ saveData
```

为方便 MATLAB 直接调用,可将上述三个代码按照代码 2.6、代码 2.5 和代码 2.7 的顺序合并为 FLAC³ᴰ 命令流文件 shallowfoundation. f3dat,这样就完成了数值程序端的分析程序和接口。

接下来,要在 MATLAB 中完成二次开发,先要在程序中定义问题的随机变量等基本参数,并存储在文件 Pra. mat 中。如 1.2.1 节所述,在描述岩土工程问题中,表征不确定性的随机变量可能服从各种类型的分布,而概率分析方法大多是在标准正态空间中进行的。因此,定义随机变量的基本参数是为了方便我们采用概率分析方法时,在标准正态空间中进行采样。本算例的随机变量等基本参数定义如代码 2.8 所示。

```
代码 2.8 MATLAB 中定义例 2.1 的随机变量等基本参数
1  lim=0.1;
2  xmean=[15e6 0.5];
3  covx=[0.3 0.15];
4  xr=eye(length(xmean));
5  save Pra lim xmean xr covx
```

完成上述步骤以后,将代码 2.1 和代码 2.2 整合,可以编写一个使用 MATLAB 调用 FLAC³ᴰ 执行 shallowfoundation. f3dat 的函数 CallFLAC. m,如代码 2.9 所示。其中,第 2 行为运行代码 2.2 的 MATLAB 脚本文件 DefDir. m,实现定义 FLAC³ᴰ 可执行程序 "flac3d700_gui. exe"路径的存储变量 Dir。第 3 行为读取代码 2.8 定义的随机变量等基本参数。

```
代码 2.9 MATLAB 中调用 FLAC3D
1  function [gy,res]=CallFLAC(y)
2  DefDir
3  load Prmt xmean covx lim
```

```
4   x=getx_log(y,xmean,covx);
5   writematrix(x','x.txt');
6   SysCom=[Dir,' call "shallowfoundation.f3dat"'];
7   status=1;
8   while status～=0
9       status=system(SysCom);
10      if status～=0
11          fprintf(2,strcat('!!! Abnormal exit code:',...
12              {32},string(status),'\n'))
13      end
14  end
15  res=readmatrix('FLACres.txt');
16  gy=lim-res;
17  delete('x.txt')
18  delete('x.txt')
19  delete('FLACres.txt')
```

代码 2.9 第 21～22 行是清理计算过程中的中间文件。如前面所提到,在采用概率方法分析过程中,一般抽取样本是在标准正态空间中完成的。要想将这些样本输入数值分析程序获得响应,还需要将其转换至原空间,成为具有物理含义的量。因此,代码 2.9 第 4 行即是通过一个自定义的 MATLAB 函数 getx_log. m,将本算例中的样本从正态空间转换至对数正态空间。要实现上述转换,可参考式(1-20)和式(1-21),通过代码 2.10 可实现上述功能。

代码 2.10 MATLAB 中把变量从标准正态空间转换到对数正态空间

```
1   function x=getx_log(y,mu_x,cov_x)
2   x=zeros(size(y,1),length(mu_x));
3   for i=1:length(mu_x)
4       kexi(i)=sqrt(log(1+cov_x(i)^2));
5       lambda(i)=log(mu_x(i))-0.5* kexi(i)^2;
6   end
7   for j =1:size(y,1)
8       for i=1:length(mu_x)
9           x(j,i)=exp(lambda(i)+kexi(i)* y(j,i));
10      end
11  end
```

代码 2.9 在完成对数值分析程序的调用后,第 15 行通过 MATLAB 函数 readmatrix. m

读取了计算结果,并通过第 16 行计算式(2-1)的需要返回的功能函数响应值。最后第 17 行和第 18 行清理计算生成的文件。由此,即完成了采用 MATLAB 调用 FLAC³ᴰ 分析浅基础沉降的数据流接口。

2.3 并行计算原理及数据交互

在对复杂岩土及地质工程问题进行概率分析时,通常需要先对多个或大量样本进行计算,这意味着计算效率可能成为制约概率分析能力的重要因素。当前由于计算机硬件的迅猛发展,使得过去算力不足导致计算效率低下的问题得以解决,取而代之的是对配置有高频、多核心 CPU 的计算机的算力富余而无法充分利用的问题。对于这样的问题,可采用并行计算的方式对计算资源充分利用。

并行计算顾名思义,即同时进行多个计算以达到对计算资源的充分利用。采用 MATLAB 的 parfor 循环字段,可以开启并行计算。需要注意的是,并行计算要求各部分计算之间是相互独立的关系。如果直接把 2.2 节中的数据流接口应用于 parfor 循环,数据的输入和输出生成的文本文件则会产生混乱。因此,为了避免这样的情况发生,就需要对每一项计算进行编号,以保证 2.2 节中的多个数据流按照对应的编号同时进行计算。具体地,可通过数值转换字符串和拼接字符串的方式将编号添加至文件名,以实现对每项计算的数据交互的文件的编号和命名,如代码 2.11 所示。

```
代码 2.11 MATLAB 中并行计算调用 FLAC³ᴰ
1   parfor k=1:n
2     writematrix(data(k,:)',strcat('data',num2str(k),'.txt'));
3     text_call=char(strcat('[k=',num2str(k),']'),'call "model_par.f3dat"');
4     fid=fopen(strcat('master',num2str(k),'.f3dat'),'w');
5     for i=1:size(text_call,1)
6       fprintf(fid,'% s \n',text_call(i,:));
7     end
8     fclose(fid);
9     SysCom = strcat ('"Dir \ flac3d700 _ gui. exe" call "master',num2str(k),'.f3dat"');
10    status=1;
11    while status～=0
12      status=system(SysCom);
13      if status～=0
14        fprintf(2,strcat('!!! Abnormal exit code:',{32},string(status),'\n'))
```

```
15      end
16   end
17   res=readmatrix(strcat('res',num2str(k),'.txt'));
18   delete(strcat('data',num2str(k),'.txt'))
19   delete(strcat('master',num2str(k),'.f3dat'))
20   delete(strcat('res',num2str(k),'.txt'))
21 end
```

在 MATLAB 中,可采用函数 num2str. m 将数值转换为字符串,再通过函数 strcat. m 或者字符串向量的形式将字符串拼接为文件名。例如,代码 2.11 中第 2 行将第 k 个样本以列的形式写入文本文件“data[k]. txt”中,当 k 的值为 5 时,存储样本的文件名实际上为“data5. txt”。第 3~17 行是采用 Windows 系统命令调用 FLAC^{3D},与 2.2 节中数据流接口的不同之处在于,要求 FLAC^{3D} 在开启后,执行 2 项指令,即识别当前计算的编号 k,并且按照编号 k 开展数值分析。而代码 2.1 介绍的普通数据流接口中第 3 行, FLAC^{3D} 通过字段 call 只能执行 1 项指令。为解决这个问题,代码 2.11 第 3~8 行,将 FLAC^{3D} 需要执行的 2 项指令作为子程序命令,按不同的行写入主程序命令流文本 “master[k]. f3dat”中,如代码 2.12 所示。

代码 2.12 FLAC^{3D} 从外部第 k 个数据文件读取输入变量

```
1  k=[k]
2  call "model.f3dat"
```

其中,[k]为该代码中具体输入的序号。代码 2.11 第 9 行调用 FLAC^{3D},并通过字段 call 执行主程序命令流文本 master[k]. f3dat 以后,即可根据代码 2.12 第 1 行命令建立数值为 k 的变量 index,用以识别本项计算的编号,然后根据代码 2.12 第 2 行调用子程序命令流文本“model. f3dat”。“model. f3dat”中利用 FLAC^{3D} 的 fish 函数定义了识别文本文件“data[k]. txt”的函数,如代码 2.13 所示。代码 2.13 中第 3 行,通过 fish 函数 string 将变量的数值转换为字符并通过“+”将字符串拼接为文件名,用以识别对应编号的存有输入变量的文件。

代码 2.13 FLAC^{3D} 从外部第 index 个数据文件读取输入变量

```
1  fish define InputData
2    Array data(N1)
3    file.open('data'+string(index)+'.txt',0,1)
4    file.read(data,N2)
5    file.close
6  end
7  @ InputData;
```

并行计算结束后,用于保存计算结果的文本文件同样需要编号,因此,在子程序命令流文本"model. f3dat"的末尾同样采用数值转化字符和字符串拼接的方式,将存储输出数据文本文件命名为"res［k］. txt",具体如代码 2.14 所示。

代码 2.14 FLAC³ᴰ 中输出分析结果至第 index 个数据文件

```
1  fish define saveData
2      file.open('res'+string(index)+'.txt',1,1)
3      file.write(res,N3)
4      file.close
5  end
6  @ saveData
7  quit
```

在 FLAC³ᴰ 结束数值分析并退出之后,MATLAB 通过代码 2.11 第 17 行,识别文本文件 res［k］. txt 并读取计算结果。由于并行计算数据交互会生成较多文件,代码 2.11 中第 18～21 行通过函数 delete. m 将本次计算结束后不需要文件进行清理。

2.3.1 示例:并行计算应用于浅基础沉降问题

【例 2.2】 在对例 2.1 中的浅基础沉降问题采用概率方法分析的过程中,在计算资源富余的情况下可以应用并行循环以提高计算效率。与例 2.1 不同的是,数值分析程序读取模型参数和输出计算结果需要按照编号进行。根据代码 2.13 在执行代码 2.5 之前,需要按照编号定义并执行用于读取模型参数的 fish 函数,如代码 2.15 所示。

扫描二维码获取本算例代码

代码 2.15 FLAC³ᴰ 中基于并行计算读取例 2.2 的模型参数

```
1   fish define InputData
2       Array xsamples(100)
3       file.open('x'+string(k)+'.txt',0,1)
4       file.read(xsamples,10)
5       file.close
6       soilE=float(xsamples(1))
7       K0=float(xsamples(2))
8       soilP=0.3
9       soilD=1900
10  end
11  @ InputData
```

根据代码 2.14，在并行循环每次利用代码 2.5 完成对数值分析计算以后，同样需要按照编号定义并执行读取计算结果的 fish 函数，如代码 2.16 所示。

代码 2.16 FLAC³ᴰ 中基于并行计算输出例 2.2 中浅基础沉降量计算结果

```
1   fish define saveData
2       array settlement(1)
3       settlement(1)=-gp.disp.z(gp.near(30,0.5,0))
4       file.open('FLACres'+string(k)+'.txt',1,1)
5       file.write(settlement,1)
6       file.close
7   end
8   @ saveData
```

为方便 MATLAB 直接调用，可按照代码 2.15、代码 2.5 和代码 2.16 的顺序合并为 FLAC³ᴰ 命令流文件 shallowfoundation_par. f3dat，作为适合并行循环的数值程序端的分析程序和接口。

对于概率分析程序所需的随机变量等基本参数的定义与代码 2.8 相同。在此基础上，将代码 2.11、代码 2.2 和代码 2.10 整合，可以自定义的 MATLAB 并行调用 FLAC³ᴰ 执行 shallowfoundation_par. f3dat 的函数 CallFLAC_par. m，如代码 2.17 所示。

代码 2.17 MATLAB 中采用并行循环调用 FLAC³ᴰ

```
1   function [gx,res]=CallFLAC_par(k,y)
2   DefDir
3   load Prmt xmean covx lim
4   x=getx_log(y,xmean,covx);
5   writematrix(x(k,:)', strcat('x',num2str(k),'.txt'));
6   text_call=char(strcat('[k=',num2str(k),']'),...
7       'call "shallowfoundation_par.f3dat"');
8   fid=fopen(strcat('master',num2str(k),'.f3dat'),'w');
9   for i=1:size(text_call,1)
10      fprintf(fid,'% s \n',text_call(i,:));
11  end
12  fclose(fid);
13  SysCom=[Dir,' call "master',num2str(k),'.f3dat"'];
14  status=1;
15  while status~=0
16      status=system(SysCom);
17      if status~=0
```

```
18          fprintf(2,strcat('!!! Abnormal exit code:',...
19               {32},string(status),'\n'))
20      end
21  end
22  res=readmatrix(strcat('FLACres',num2str(k),'.txt'));
23  gx=lim-res;
24  delete(['x',num2str(k),'.txt'])
25  delete(['master',num2str(k),'.f3dat'])
26  delete(['FLACres',num2str(k),'.txt'])
```

代码 2.17 中,第 2 行为运行代码 2.2 的 MATLAB 脚本文件 DefDir. m,实现定义 FLAC³D 可执行程序"flac3d700_gui. exe"路径的存储变量 Dir;第 3 行首先载入存储在 Pra. mat 的随机变量;第 4 行通过自定义的 MATLAB 函数 getx_log. m(详见代码 2.10) 将计算样本从标准正态空间到对数正态空间;第 5～21 行,则是在并行循环中调用 FLAC³D 并对样本执行计算,代码的具体含义已在代码 2.11 中详细介绍,此处不再赘述; 第 22 行和第 23 行则分别返回计算结果和功能函数值,随后通过第 24～26 行代码清理本 次计算文件。通过上述操作,即可在概率方法分析浅基础沉降问题时,实现对数值分析 程序的并行计算。

2.4　小结

本章以软件 MATLAB 与 FLAC³D 为例,详细介绍了复杂岩土及地质工程问题可靠 度分析中第三方数值分析软件和可靠度程序数据交互的方法。对于普通的数据流接口, MATLAB 通过 Windows 系统命令调用 FLAC³D,并通过生成数据存储文本的方式进行 数据交互。Zhang 等[4]和 Ma 等[5]采用上述方式,基于响应面方法实现了复杂岩土工程 可靠度分析。为了充分利用计算机计算资源,本章还详细介绍了并行计算原理,以及如 何通过采用编号的方式,在普通的数据流接口基础上巧妙地实现并行计算数据交互。 Duan 等[6]、Zhao 等[7]采用上述方法对边坡系统可靠度进行了分析。需要注意的是,并行 计算只有在各项计算相互独立时才能使用,且在计算资源富余的情况下才能发挥优势。 读者可根据自己的计算特点和需求,自行选择上述两种数据流接口。

参考文献

[1] Itasca Consulting Group. FLAC3D: Fast Lagrangian Analysis of Continua in Three-Dimensions, Ver. 7. 0[M]. Minneapolis: Itasca, 2019.

[2] 陈育民,徐鼎平. FLAC/FLAC3D 基础与工程实例[M]. 北京:中国水利水电出版社,2013.

[3] The MathWorks Inc. MATLAB[CP]. Natick, Massachusetts: MathWorks, 2022.

［4］Zhang J，Chen H Z，Huang H W，et al. Efficient response surface method for practical geotechnical reliability analysis[J]. Computers and Geotechnics，2015，69：496-505.

［5］Ma J Z，Zhang J，Huang H W，et al. Identification of representative slip surfaces for reliability analysis of soil slopes based on shear strength reduction[J]. Computers and Geotechnics，2017，85：199-206.

［6］Duan X，Zhang J，Huang H，et al. System reliability analysis of soil slopes through constrained optimization[J]. Landslides，2021，18(2)：655-666.

［7］Zhao J，Duan X，Ma L，et al. Importance sampling for system reliability analysis of soil slopes based on shear strength reduction［J］. Georisk：Assessment and Management of Risk for Engineered Systems and Geohazards，2021，15(4)：287-298.

第 3 章

中 心 点 法

3.1　引言

当功能函数或极限状态曲面较为复杂时,往往难以准确获取功能函数的概率分布,也因此难以直接利用功能函数的概率分布求解失效概率。通过第 1 章的介绍可知,在岩土及地质工程中,常可对参数的不确定性进行统计。在此基础上,可应用可靠度分析方法对岩土及地质工程的失效概率进行分析。一次二阶矩方法是一种常见的可靠度分析方法,其原理是采用泰勒级数对功能函数进行线性展开,近似求出功能函数的均值和方差,进而得到可靠度指标和失效概率。根据泰勒级数展开点不同,一次二阶矩法可分为中心点法和验算点法。中心点法实现简单,可用于可靠度问题的初步分析。本章将重点介绍中心点法在复杂岩土及地质工程可靠度分析中的应用。

3.2　中心点法基本原理

中心点法是将功能函数在随机变量的均值处采用泰勒级数进行线性展开,近似计算功能函数的均值和标准差的方法(如 Maier 等[1]、王建华等[2]、Huang 等[3]、张明[4]、Sun 等[5]、Papadimitriou 等[6])。假设功能函数可表示为

$$Z = g(\boldsymbol{X}) \tag{3-1}$$

其中,随机向量 $\boldsymbol{X} = [X_1, X_2, \cdots, X_n]^{\mathrm{T}}$ 的各个分量为可靠度分析中关心的随机变量,其均值为 $\boldsymbol{\mu} = [\mu_1, \mu_2, \cdots, \mu_n]^{\mathrm{T}}$,标准差为 $\boldsymbol{\sigma} = [\sigma_1, \sigma_2, \cdots, \sigma_n]^{\mathrm{T}}$。

将功能函数 Z 在 $\boldsymbol{X}$ 的均值点(或称为中心点)$\boldsymbol{\mu}$ 处的泰勒级数展开式为

$$
\begin{aligned}
Z &= g(\boldsymbol{\mu}) + \sum_{i=1}^{n}(X_i - \mu_i)\frac{\partial g(\boldsymbol{X})}{\partial X_i}\bigg|_{\boldsymbol{X}=\boldsymbol{\mu}} + \frac{1}{2!}\sum_{i=1}^{n}\sum_{j=1}^{n}(X_i - \mu_i)(X_j - \mu_j)\frac{\partial^2 g(\boldsymbol{X})}{\partial X_i \partial X_j}\bigg|_{\boldsymbol{X}=\boldsymbol{\mu}} + \\
&\quad \frac{1}{3!}\sum_{i=1}^{n}\sum_{j=1}^{n}\sum_{k=1}^{n}(X_i - \mu_i)(X_j - \mu_j)(X_k - \mu_k)\frac{\partial^3 g(\boldsymbol{X})}{\partial X_i \partial X_j \partial X_k}\bigg|_{\boldsymbol{X}=\boldsymbol{\mu}} + \cdots \\
&= \sum_{p=0}^{\infty}\frac{1}{p!}\left[\sum_{i=1}^{n}(X_i - \mu_i)\frac{\partial}{\partial X_i}\right]^{p} g(\boldsymbol{X})\bigg|_{\boldsymbol{X}=\boldsymbol{\mu}}
\end{aligned}
\tag{3-2}
$$

式(3-2)用矩阵形式可表示为

$$Z = \sum_{p=0}^{\infty} \frac{1}{p!} \left[(\boldsymbol{X} - \boldsymbol{\mu})^{\mathrm{T}} \, \nabla \right]^p g(\boldsymbol{X}) \Big|_{\boldsymbol{X} = \boldsymbol{\mu}} \tag{3-3}$$

其中,∇ 为梯度算子

$$\nabla = \left[\frac{\partial}{\partial X_1}, \frac{\partial}{\partial X_2}, \cdots, \frac{\partial}{\partial X_n} \right]^{\mathrm{T}} \tag{3-4}$$

将泰勒级数展开的二次及以上项略去可得到下式

$$Z \approx g(\boldsymbol{\mu}) + (\boldsymbol{X} - \boldsymbol{\mu})^{\mathrm{T}} \nabla g(\boldsymbol{X}) \big|_{\boldsymbol{X} = \boldsymbol{\mu}} = g(\boldsymbol{\mu}) + \sum_{i=1}^{n} (X_i - \mu_i) \frac{\partial g(\boldsymbol{X})}{\partial X_i} \Big|_{\boldsymbol{X} = \boldsymbol{\mu}} \tag{3-5}$$

则功能函数 Z 的均值 μ_Z 和方差 σ_Z^2 的计算如下

$$\mu_Z = E \left[g(\boldsymbol{\mu}) + \sum_{i=1}^{n} (X_i - \mu_i) \frac{\partial g(\boldsymbol{X})}{\partial X_i} \Big|_{\boldsymbol{X} = \boldsymbol{\mu}} \right] = g(\boldsymbol{\mu}) + \sum_{i=1}^{n} \left[E(X_i) - \mu_i \right] \frac{\partial g(\boldsymbol{X})}{\partial X_i} \Big|_{\boldsymbol{X} = \boldsymbol{\mu}}$$

$$= g(\boldsymbol{\mu}) + 0 = g(\boldsymbol{\mu}) \tag{3-6}$$

$$\sigma_Z^2 = Cov \left[g(\boldsymbol{\mu}) + \sum_{i=1}^{n} (X_i - \mu_i) \frac{\partial g(\boldsymbol{X})}{\partial X_i} \Big|_{\boldsymbol{X} = \boldsymbol{\mu}}, \ g(\boldsymbol{\mu}) + \sum_{j=1}^{n} (X_j - \mu_j) \frac{\partial g(\boldsymbol{X})}{\partial X_j} \Big|_{\boldsymbol{X} = \boldsymbol{\mu}} \right]$$

$$= Cov \left[\sum_{i=1}^{n} X_i \frac{\partial g(\boldsymbol{X})}{\partial X_i} \Big|_{\boldsymbol{X} = \boldsymbol{\mu}}, \ \sum_{j=1}^{n} X_j \frac{\partial g(\boldsymbol{X})}{\partial X_j} \Big|_{\boldsymbol{X} = \boldsymbol{\mu}} \right]$$

$$= \sum_{i=1}^{n} \sum_{j=1}^{n} \frac{\partial g(\boldsymbol{X})}{\partial X_i} \Big|_{\boldsymbol{X} = \boldsymbol{\mu}} \cdot \frac{\partial g(\boldsymbol{X})}{\partial X_j} \Big|_{\boldsymbol{X} = \boldsymbol{\mu}} Cov(X_i, X_j)$$

$$= \sum_{i=1}^{n} \sum_{j=1}^{n} \frac{\partial g(\boldsymbol{X})}{\partial X_i} \Big|_{\boldsymbol{X} = \boldsymbol{\mu}} \cdot \frac{\partial g(\boldsymbol{X})}{\partial X_j} \Big|_{\boldsymbol{X} = \boldsymbol{\mu}} \rho_{ij} \sigma_i \sigma_j \tag{3-7}$$

式中　E——数学期望;

　　　Cov——协方差;

　　　ρ_{ij}——X_i 和 X_j 的相关系数。

功能函数 Z 的方差 σ_Z^2 可用矩阵形式表示如下:

$$\sigma_Z^2 = \left[\nabla g(\boldsymbol{X}) \big|_{\boldsymbol{X} = \boldsymbol{\mu}} \right]^{\mathrm{T}} \boldsymbol{C} \left[\nabla g(\boldsymbol{X}) \big|_{\boldsymbol{X} = \boldsymbol{\mu}} \right] \tag{3-8}$$

式中,$\boldsymbol{C}$ 为随机向量 $\boldsymbol{X}$ 的协方差矩阵,可表示为

$$\boldsymbol{C} = \boldsymbol{\sigma} \boldsymbol{\sigma}^{\mathrm{T}} \odot \boldsymbol{R} = \begin{bmatrix} \sigma_1^2 & \rho_{12} \sigma_1 \sigma_2 & \cdots & \rho_{1n} \sigma_1 \sigma_n \\ & \sigma_2^2 & \cdots & \rho_{2n} \sigma_2 \sigma_n \\ & & \ddots & \vdots \\ \text{对称} & & & \sigma_n^2 \end{bmatrix} \tag{3-9}$$

其中,$\odot$ 表示矩阵的 Hadamard 积运算,即相同行数和列数的矩阵对应元素相乘,在

MATLAB 软件中可用".*"运算符实现；R 为随机向量 X 的相关系数矩阵，可表示为

$$R = \begin{bmatrix} 1 & \rho_{12} & \cdots & \rho_{1n} \\ & 1 & \cdots & \rho_{2n} \\ & & \ddots & \vdots \\ 对称 & & & 1 \end{bmatrix} \tag{3-10}$$

由可靠度的定义式(1-28)可得可靠度指标的计算公式为

$$\beta = \frac{\mu_Z}{\sigma_Z} = \frac{g(\boldsymbol{\mu})}{\sqrt{\left[\nabla g(X)\big|_{X=\mu}\right]^{\mathrm{T}} C \left[\nabla g(X)\big|_{X=\mu}\right]}} \tag{3-11}$$

上述方法是将功能函数 Z 在随机变量的均值点处展开，利用随机变量 X 的一阶矩和二阶矩计算 Z 的可靠度，这种方法也被称为均值一次二阶矩方法(中心点法)。在已知可靠度分析涉及的不确定性随机变量 X 的均值和方差时，采用中心点法可以较为简便地估算可靠度指标。

3.3　有显式功能函数的可靠度问题

3.3.1　非线性功能函数算例

【例 3.1】　假设某工程问题的功能函数可以表示成如下形式：

$$y = g(x_1, x_2) = \exp(x_1 + 6) - x_2 \tag{3-12}$$

式中，x_1，x_2 分别为参数随机变量。假设 x_1 服从均值 μ_1 为 1.0、标准差 σ_1 为 2.0 的正态分布，x_2 服从均值 μ_2 为 2.0、标准差 σ_2 为 2.0 的正态分布，且它们的相关系数 ρ 为 -0.5，二者的联合分布为多元正态分布。若 $y < 0$，则结构发生失效。试用本章中方法求其可靠度指标和失效概率。

扫描二维码获取本算例代码

解：本算例中，x_1 和 x_2 的多元正态分布，其分布由均值向量和协方差矩阵确定。记随机向量 $\boldsymbol{x} = (x_1, x_2)^{\mathrm{T}}$，则 $\boldsymbol{x}$ 的均值向量可表示为

$$\boldsymbol{\mu}_x = \begin{pmatrix} \mu_1 \\ \mu_2 \end{pmatrix} = \begin{pmatrix} 1.0 \\ 2.0 \end{pmatrix}$$

$\boldsymbol{x}$ 的标准差向量可表示为

$$\boldsymbol{\sigma}_x = \begin{pmatrix} \sigma_1 \\ \sigma_2 \end{pmatrix} = \begin{pmatrix} 2.0 \\ 2.0 \end{pmatrix}$$

$\boldsymbol{x}$ 的相关系数矩阵可表示为

$$\boldsymbol{R}_x = \begin{bmatrix} 1 & \rho \\ \rho & 1 \end{bmatrix} = \begin{bmatrix} 1.0 & -0.5 \\ -0.5 & 1.0 \end{bmatrix}$$

x 的协方差矩阵由式(3-9)计算：

$$C_x = \sigma_x \sigma_x^{\mathrm{T}} \odot R_x = \begin{bmatrix} 4.0 & -2.0 \\ -2.0 & 4.0 \end{bmatrix}$$

本问题的功能函数可表示为

$$g(x) = \exp(x_1 + 6) - x_2$$

则功能函数均值为使用中心点计算的功能函数值：

$$\mu_Z = g(\mu_x) = \exp(\mu_1 + 6) - \mu_2 = \exp(1.0 + 6) - 2.0 = 1.095 \times 10^3$$

根据 3.2 节的介绍可知，要求可靠度指标需要求功能函数的偏导数。对于本算例，功能函数具有解析解，可以使用解析求导法求解：

$$\nabla g(x) = \left[\frac{\partial g(x)}{\partial x_1}, \ \frac{\partial g(x)}{\partial x_2} \right]^{\mathrm{T}} = \begin{bmatrix} \exp(x_1 + 6) \\ -1 \end{bmatrix}$$

将 $x = \mu_x$ 代入上式可得偏导数为

$$\nabla g(x) \big|_{x = \mu_x} = \begin{bmatrix} \exp(\mu_1 + 6) \\ -1 \end{bmatrix} = \begin{bmatrix} 1.097 \times 10^3 \\ -1 \end{bmatrix}$$

功能函数的标准差可由式(3-8)计算：

$$\sigma_Z = \sqrt{\left[\nabla g(x) \big|_{x = \mu_x} \right]^{\mathrm{T}} C_x \left[\nabla g(x) \big|_{x = \mu_x} \right]} = 2.194 \times 10^3$$

可靠度指标 β 和失效概率 p_f 分别为

$$\beta = \frac{\mu_Z}{\sigma_Z} = 0.499, \quad p_f = \Phi(-\beta) = 0.309$$

如果功能函数比较复杂或没有解析解时，可使用有限差分法近似计算偏导数，其基本思路是用割线的斜率近似代替切线的斜率，即用有限微元的变化率逼近微分的变化率即导数。用 Δ_1 表示 x_1 的有限差分长度，用 Δ_2 表示 x_2 的有限差分长度，取 $\Delta_1 = \Delta_2 = 0.001$，则使用有限差分法近似计算 $x = \mu_x$ 处的偏导数为

$$\frac{\partial g(x)}{\partial x_1} \bigg|_{x = \mu_x} \approx \frac{g\left(\mu_1 + \frac{1}{2}\Delta_1, \mu_2\right) - g\left(\mu_1 - \frac{1}{2}\Delta_1, \mu_2\right)}{\Delta_1} = 1.097 \times 10^3$$

$$\frac{\partial g(x)}{\partial x_2} \bigg|_{x = \mu_x} \approx \frac{g\left(\mu_1, \mu_2 + \frac{1}{2}\Delta_2\right) - g\left(\mu_1, \mu_2 - \frac{1}{2}\Delta_2\right)}{\Delta_2} = -1$$

进而可得梯度为

$$\nabla g(\boldsymbol{x})\big|_{x=\mu_x} = \begin{bmatrix} 1.097 \times 10^3 \\ -1 \end{bmatrix}$$

功能函数的标准差可由式(3-8)计算:

$$\sigma_Z = \sqrt{\left[\nabla g(\boldsymbol{x})\big|_{x=\mu_x}\right]^{\mathrm{T}} \boldsymbol{C}_x \left[\nabla g(\boldsymbol{x})\big|_{x=\mu_x}\right]} = 2.194 \times 10^3$$

可靠度指标 β 和失效概率 p_{f} 分别为

$$\beta = \frac{\mu_Z}{\sigma_Z} = 0.499, \quad p_{\mathrm{f}} = \Phi(-\beta) = 0.309$$

可以看出,对于本算例,解析求导法和有限差分法求偏导数所得结果非常接近。求解例 3.1 的 MATLAB 代码如代码 3.1 所示。

```
代码 3.1 在 MATLAB 中使用中心点法求解例 3.1
1  mu_x=[1.0;2.0];
2  sigma_x=[2.0;2.0];
3  rho=-0.5;
4  R_x=[1 rho;rho 1];
5  C_x=sigma_x*sigma_x'.*[1 rho;rho 1];
6  % 功能函数:
7  g=@(x) exp(x(1,:)+6)-x(2,:);
8  mu_Z=g(mu_x)
9  % 解析求导法:
10 dg1=@(x) [exp(x(1)+6);-1];
11 sigma_Z1=sqrt(dg1(mu_x)'*C_x*dg1(mu_x))
12 BETA1=mu_Z/sigma_Z1
13 p_f1=normcdf(- BETA1)
14 % 差分法求解偏导:
15 dg2=@ (x,d1,d2)...
   (g(x+diag([d1,d2])/2)-g(x-diag([d1,d2])/2))'./[d1;d2];
16 d1=0.001;
17 d2=d1;
18 sigma_Z2=sqrt(dg2(mu_x,d1,d2)'*C_x*dg2(mu_x,d1,d2))
19 BETA2=mu_Z/sigma_Z2
20 p_f2=normcdf(-BETA2)
```

在代码 3.1 中,dg1 和 dg2 分别为使用解析求导法和有限差分法求偏导数的函数;BETA1 和 BETA2 分别为使用解析求导法和有限差分法求偏导数后计算的可靠度指标;

p_f1 和 p_f2 分别为使用解析求导法和有限差分法求偏导数后计算的失效概率。

　　图 3-1 和图 3-2 分别展示了有限差分法估算偏导数随 x_1 的有限差分长度 Δ_1 和 x_2 的有限差分长度 Δ_2 的变化关系。同时，图中给出了解析求导法计算的真实偏导数作为对比。可以看出，随着有限差分长度 Δ_1 的缩小，对 x_1 的估算偏导数逐渐趋近于真实偏导数，当 Δ_1 小于 0.01 时可基本认为二者相同。而对于 x_2，由于功能函数是关于 x_2 的线性函数，故有限差分法的估算偏导数始终准确等于解析求导法计算的真实偏导数。

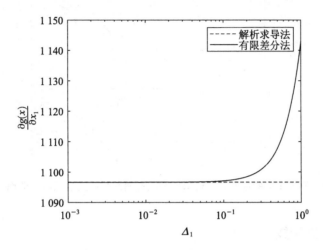

图 3-1　对 x_1 估算偏导数随 Δ_1 变化关系

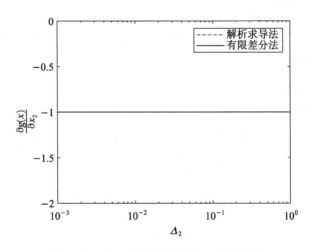

图 3-2　对 x_2 估算偏导数随 Δ_2 变化关系

　　图 3-3 展示了例 3.1 中中心点法近似极限状态曲面与真实极限状态曲面关系。极限状态曲面满足功能函数为 0 的点的集合，即曲面 $g(\boldsymbol{x})=0$。图中同时给出了中心点及中心点处的功能函数曲面，即曲面 $g(\boldsymbol{x})=g(\boldsymbol{\mu}_x)$。使用中心点法得出的线性近似数曲面，实际上是在中心点处，用泰勒级数展开的线性项得出的平面近似功能函数曲面，得到近似线性功能函数。由近似线性功能函数求解得出的线性极限状态曲面如图 3-3 中实

线所示,恰好与真实极限状态曲面相切。由此可见,当功能函数强烈非线性,或者中心点处功能函数和极限状态曲面的形态差异较大时,中心点法对极限状态曲面的近似可能会存在较大的误差。

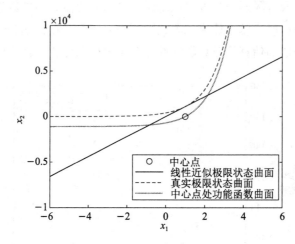

图 3-3　例 3.1 中的中心点法近似极限状态曲面与真实极限状态曲面的关系

3.3.2　条形基础问题

【例 3.2】　如图 3-4 所示,某条形基础承受的均布荷载为 q。其极限承载力 q_u 可由下式计算:

扫描二维码获取本算例代码

$$q_u = 0.5\gamma_s B N_\gamma + c N_c + \gamma_s D_f N_q \qquad (3-13)$$

式中　γ_s——土体重度;

　　　B——基础宽度;

　　　D_f——基础底部的埋深;

　　　N_γ,N_c 和 N_q 分别为承载力系数,其计算公式为

$$N_\gamma = 1.8(N_q - 1)\tan\varphi \qquad (3-14)$$

$$N_c = (N_q - 1)\cot\varphi \qquad (3-15)$$

$$N_q = \tan^2\left(\frac{\pi}{4} + \frac{\varphi}{2}\right) e^{\pi\tan\varphi} \qquad (3-16)$$

式中　φ——内摩擦角;

　　　c——黏聚力。

本算例中,$D_f = 0$,$\gamma_s = 17\ \text{kN/m}^3$,$B = 1.5\ \text{m}$。假设 c 服从均值 $\mu_c = 15\ \text{kPa}$、标准差 $\sigma_c = 5\ \text{kPa}$ 的对数正态分布;φ 服从均值 $\mu_\varphi = 20°$,标准差 $\sigma_\varphi = 2°$ 的对数正态分布;荷载 q 服从均值 $\mu_q = 200\ \text{kPa}$,标准差 $\sigma_q = 30\ \text{kPa}$ 的对数正

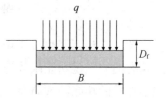

图 3-4　条形基础承载力分析算例

态分布；c、φ 和 q 相互独立。试用本章的方法求解该浅基础的可靠度指标和失效概率。

解：本算例中，根据题意，随机变量为 $\boldsymbol{x}=[c,\varphi,q]$，功能函数可以写作如下：

$$g(\boldsymbol{x})=q_{u}-q \tag{3-17}$$

由于变量服从对数正态分布，而 3.2 节介绍的中心点法需要在正态空间中进行计算。对此，式（3-17）表示的功能函数在标准正态空间中可以写作：

$$G(\boldsymbol{y})=q_{u}-q \tag{3-18}$$

式中，y 为 x 转换到标准正态空间中的变量，其均值为 $\boldsymbol{0}$，标准差为 $\boldsymbol{1}$。

求解算例 3.2 的 MATLAB 算法如代码 3.2 所示。

代码 3.2 在 MATLAB 中使用中心点法求解例 3.2

```
1   mu_x=[15 20 200];
2   sigma_x=[5 2 30];
3   cov_x=sigma_x./mu_x;
4   rho=0;
5   C_x=eye(length(mu_x));
6   mu_y=zeros(1,length(mu_x));
7   C_y=C_x
8   % 功能函数:
9   G=@ (y) g_fun(y,mu_x,cov_x);
10  mu_Z=G(mu_y);
11  % 有限差分法:
12  dgy=@ (y,delta_y) (G(y)-G(y-diag(ones(1,length(mu_x))* ...
13  delta_y)))'./(ones(1,length(mu_x))* delta_y);
14  delta_y=0.001;
15  sigma_Z=sqrt(dgy(mu_y,delta_y)*C_y*dgy(mu_y,delta_y)')
16  BETA2=mu_Z/sigma_Z
17  p_f2=normcdf(-BETA2)
```

代码 3.2 中第 11 行定义的标准空间中的功能函数如代码 3.3 所示。

代码 3.3 MATLAB 定义例 3.2 在标准空间中的功能函数

```
1   % 函数变量为 y,均值及变异系数:
2   function [res] =g_fun(y,mu_x,cov_x)
3   x=getx_log(y,mu_x,cov_x);
4   % 基础底部埋深、土体重度及基础宽度赋值:
5   D_f=0;
6   gamma_s=17;
7   B=1.5;
```

```
8   % 功能函数:
9   [c,phi,q]=deal(x(:,1),x(:,2)*pi/180,x(:,3));
10  N_q=tan(pi/4+ phi/2).^2.*exp(pi.*tan(phi));
11  N_c=(N_q- 1).*cot(phi);
12  N_gamma=1.8.*(N_q- 1).*tan(phi);
13  q_u=0.5*gamma_s*B.*N_gamma+c.*N_c+ gamma_s*D_f.*N_q;
14  res=q_u-q;
15  end
```

为求式(3-18)中的 $G(y)$ 的值,需要将 y 由对数正态空间转换为原空间的 x。 因此,代码 3.3 中第 2 行,根据式(1-20)和式(1-21)给出了实现上述功能的代码,如代码 3.4 所示。

代码 3.4 MATLAB 中把变量从标准正态空间转换到原空间

```
1   function x=getx_log(y,mu_x,cov_x)
2   for i=1:length(mu_x)
3       kexi(i)=sqrt(log(1+cov_x(i)^2));
4       lambda(i)=log(mu_x(i))-0.5*kexi(i)^2;
5   end
6   for j=1:size(y,1)
7       for i=1:length(mu_x)
8           x(j,i)=exp(lambda(i)+kexi(i)*y(j,i));
9       end
10  end
```

由代码 3.2、代码 3.3 以及代码 2.10,采用有限差分法求偏导数的函数;BETA2 为有限差分法求偏导数后计算的可靠度指标;p_f2 为使用有限差分法求偏导数后计算的失效概率,计算得到 BETA2 为 0.663,p_f2 为 0.254。即可靠度指标 β 和失效概率 p_f 分别为

$$\beta=\frac{\mu_Z}{\sigma_Z}=0.663, \ p_f=\Phi(-\beta)=0.254$$

3.3.3　无限长边坡问题

【例 3.3】　图 3-5 为某无限长边坡模型。该模型常用于分析浅层滑坡稳定性以及区域滑坡风险分析(Crosta 和 Frattini[7];Babu 和 Murthy[8])。其安全系数可以采用如下公式计算:

$$F_s(\boldsymbol{x})=g(\boldsymbol{x})+\varepsilon \tag{3-19}$$

扫描二维码获取本算例代码

式中　x——由各随机参数组成的向量，$x = [c, \varphi, m, h, \varepsilon]$；

　　　ε——模型误差；

　　　$g(x)$——无限长边坡模型计算安全系数的标准公式（Crosta 和 Frattini[7]）。

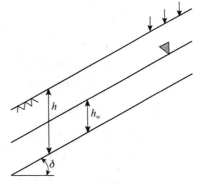

$$g(x) = \frac{c + [\gamma(h - h_w) + (\gamma_{sat} - \gamma_w)h_w]\cos^2\delta\tan^2\varphi}{[\gamma(h - h_w) + \gamma_{sat}h_w]\sin\delta\cos\delta}$$

（3-20）

图 3-5　无限长边坡算例

式中　δ——坡角,其值为 35°；

　　　γ——土体重度,其值为 17.0 kN/m³；

　　　γ_{sat}——土体饱和重度,其值为 19.8 kN/m³；

　　　γ_w——水的重度,其值为 9.8 kN/m³；

　　　c——黏聚力；

　　　φ——内摩擦角；

　　　h_w——饱和土层厚度；

　　　h——土层总厚度；

　　　m——饱和土层厚度与土层厚度的比值,$m = h_w / h$。

在此假设 $x = [c, \varphi, m, h, \varepsilon]$ 中各随机变量服从相互独立的正态分布,它们的均值和标准差分别为 $\mu_c = 10$ kPa, $\sigma_c = 2$ kPa；$\mu_\varphi = 38°$, $\sigma_\varphi = 2°$；$\mu_m = 0.5$, $\sigma_m = 0.05$；$\mu_h = 3$ m, $\sigma_h = 0.6$ m；$\mu_\varepsilon = 0.02$, $\sigma_\varepsilon = 0.07$。试用本章方法求解该无限长边坡的可靠度指标和失效概率。

解：本算例中,根据题意随机变量为 $x = [c, \varphi, m, h, \varepsilon]$,且随机变量均服从正态分布,功能函数可以表示为

$$F_s(x) = g(x) + \varepsilon$$

（3-21）

求解算例 3.3 的 MATLAB 算法如代码 3.5 所示。

代码 3.5　在 MATLAB 中使用中心点法求解例 3.3

```
1  mu_x=[10 38 0.5 3 0.02];
2  sigma_x=[2 2 0.05 0.6 0.07];
3  cov_x=sigma_x./mu_x;
4  rho=0;
5  C_x=eye(length(mu_x));
6  C_y=C_x
7  % 功能函数:
8  G=@ (x) g_fun(x);
9  mu_Z=G(mu_x)
```

```
10  % 有限差分法:
11  dgy=@ (x,delta_y) (G(x)-G(x- ...
12  diag(ones(1,length(mu_x))*delta_y)...
13  ))'./(ones(1,length(mu_x))*delta_y);
14  delta_y=0.001;
15  sigma_Z=sqrt(dgy(mu_x,delta_y)*C_y*dgy(mu_x,delta_y)')
16  BETA2=mu_Z/sigma_Z
17  p_f2=normcdf(- BETA2)
```

代码 3.5 中第 10 行定义的标准空间中的功能函数如代码 3.6 所示。

代码 3.6 MATLAB 定义例 3.2 的功能函数

```
1   function [res] =g_fun(x)
2   % 坡角、土体饱和重度、水的重度及土体重度赋值:
3   delta=35*pi/180;
4   gamma_sat=19.8;
5   gamma_w=9.8;
6   gamma=17;
7   % 功能函数:
8   [c,phi,m,h,epsilon]=deal(x(:,1),x(:,2)*pi/180,x(:,3),
9   x(:,4),x(:,5));
10  h_w=h.*m;
11  g=(c+ ((gamma.*(h- h_w)+ (gamma_sat- gamma_w).*h_w)...
11  *(cos(delta))^2.*(tan(phi)).^2))./((gamma*(h-h_w)...
12  +gamma_sat*h_w)*sin(delta)*cos(delta));
13  res=g+epsilon-1;
14  end
```

由代码 3.5 及代码 3.6,采用有限差分法求无限长边坡功能函数偏导数的函数;BETA2 为有限差分法求偏导数后计算的可靠度指标;p_f2 为使用有限差分法求偏导数后计算的失效概率,计算得到 BETA2 为 0.040,p_f2 为 0.484。即可靠度指标 β 和失效概率 p_f 分别为

$$\beta=\frac{\mu_Z}{\sigma_Z}=0.040, \quad p_f=\Phi(-\beta)=0.484$$

3.4 复杂岩土及地质工程问题的中心点法可靠度分析

3.4.1 浅基础沉降问题

【例 3.4】 本算例沿用例 2.1 中设定。浅基础沉降模型尺寸参考图 2-2。功能函数如式(2-1)所示。该问题中的随机变量为 $x = [E, K_0]$。假设地层的弹性模量 E 和侧压力系数 K_0 均服从对数正态分布，并且二者相互独立。两个随机变量的均值分别为 $\mu_E = 15\,\text{MPa}$ 和 $\mu_{K0} = 0.5$，变异系数分别为 $Cov_E = 0.3$ 和 $Cov_{K0} = 0.15$。

扫描二维码获取本算例代码

解：首先将代码 2.5、代码 2.15 和代码 2.16 合并为 FLAC^{3D} 命令流文件 shallowfoundation_par. f3dat，以方便可靠度分析时直接调用。然后在 MATLAB 中定义本算例的随机变量等基本参数，并存储在文件 Pra. mat 中，如代码 3.7 所示。

```
代码 3.7 MATLAB 中定义例 3.4 的随机变量等基本参数
1  lim=0.1;
2  xmean=[15e6 0.5];
3  covx=[0.3 0.15];
4  xr=eye(length(xmean));
5  mu_y=zeros(1,length(xmean));
6  C_y=xr;
7  save Pra lim xmean covx xr
```

为实施中心点法，并采用差分法估算各变量在均值点处的梯度，总共需要对 $(n+1)$ 个样本点进行计算，其中 n 为随机变量的数量。由于这些样本之间互不关联，因此，可以利用在 MATLAB 中采用 parfor 并行循环提高效率。代码 2.17 给出了 MATLAB 并行调用 FLAC^{3D} 执行 shallowfoundation_par. f3dat 的函数 CallFLAC_par. m。在此基础上，可以编写中心点法的分析程序，如代码 3.8 所示。

```
代码 3.8 MATLAB 中采用中心点法分析例 3.4
1  % 有限差分法：
2  delta_y=0.001;
3  ysamples=zeros(length(mu_y)+1,length(mu_y));
4  for i =2:length(mu_y)+1
5      ysamples(i,i-1)=-delta_y;
6  end
7  % 采用 parfor 并行循环语句：
```

```
8   parfor k=1:length(mu_y)+1
9       [gx(k,1),~]=CallFLAC_par(k,ysamples(k,:));
10  end
11  for i=1:length(mu_y)
12      dgy(1,i)=(gx(1)-gx(i+1))/delta_y;
13  end
14  % 计算可靠度指标及失效概率
15  mu_Z=gx(1);
16  sigma_Z=sqrt(dgy* C_y*dgy');
17  BETA2=mu_Z/sigma_Z
18  p_f2=normcdf(-BETA2)
```

在依靠数值响应的浅基础沉降可靠度问题求解过程中,需通过 MATLAB 调用 FLAC^{3D} 计算功能函数数值,再将计算数值返回 MATLAB 中得到可靠度指标及失效概率。例 3.4 中,由代码 3.8,采用有限差分法求偏导数的函数;BETA2 为有限差分法求偏导数后计算的可靠度指标;p_f2 为使用有限差分法求偏导数后计算的失效概率。可得该浅基础沉降问题的可靠度指标 β 和失效概率 p_f 分别为

$$\beta = \frac{\mu_Z}{\sigma_Z} = 0.343, \quad p_f = \Phi(-\beta) = 0.366$$

3.4.2 边坡稳定性问题

【例 3.5】 本算例某匀质土边坡,模型的尺寸如图 3-6 所示,其中坡长为 10 m,坡高为 5 m。由于采用平面应变模型,模型厚度为 1 m。对于边坡稳定性分析,其不确定性主要存在于土体的强度参数,即黏聚力 c 和摩擦角 φ。因此,选取随机变量 $x = [c, \varphi]$,并采用随机变量法进行分析。假设本例中土体参数的黏聚力 c 和内摩擦角 φ 相互独立且均服从对数正态分布,它们的均值分别为 $\mu_c = 5$ kPa 和 $\mu_\varphi = 15°$,变异系数分别为 $Cov_c = 0.3$ 和 $Cov_\varphi = 0.2$。土体弹性模型为 10 MPa,泊松比为 0.3,土体重度为 19 kN/m³。

扫描二维码获取本算例代码

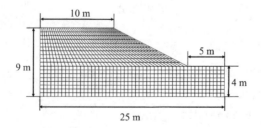

图 3-6 某边坡有限差分网格示意图

对于边坡的稳定性,一般采用安全系数 FOS 来衡量,当安全系数小于 1 时认为边坡系统失效。因此,该问题的功能函数可以写为

$$G(\boldsymbol{y}) = g(\boldsymbol{x}) = FOS - 1 \tag{3-22}$$

其中,安全系数 FOS 可以在算例中采用强度折减法进行计算,如代码 3.9 所示。

```
代码 3.9 边坡稳定性分析 FLAC³ᴰ 命令流
1   model large-strain off
2   plot item create zone active on contour displacement
3   ;建立网格单元
4   zone create brick p 0 0 0 0 p 1 25 0 0 p 2 0 1 0 p 3 0 0 4 &
5   size 50 2 8 group 'soil'
6   zone create brick p 0 0 0 4 p 1 20 0 0 4 p 2 0 1 4 p 3 0 0 9 p 6&
7   10 0 9 p 7 10 1 9 size 40 2 10 group 'soil'
8   ;建立边界约束条件
9   zone face skin
10  zone face apply velocity-normal 0 range group 'West' or 'East'
11  zone face apply velocity-normal 0 range group 'North' or &
12  'South'
13  zone face apply velocity 0 0 0 range group 'Bottom'
14  ;赋予弹性材料属性,在弹性状态下进行初始地应力平衡并重置位移场
15  zone cmodel assign mohr-coulomb range group 'soil'
16  zone property cohesion [c] friction [fri] density [soilD] &
17  young [soilE] poisson [soilP] range group 'soil'
18  model gravity 10
19  zone initialize-stresses
20  model solve elastic only
21  zone initialize state 0
22  zone gridpoint initialize displacement (0 0 0)
23  zone gridpoint initialize velocity (0 0 0)
24  ;采用强度折减法计算安全系数
25  model factor-of-safety bracket 0 2 resolution 0.001 filename &
26  ['Uniformslope'+ string(k)]
27  ;清理计算文件
28  [file.delete('Uniformslope'+ string(k)+ '-Init.sav')]
29  [file.delete('Uniformslope'+ string(k)+ '-Stable.sav')]
30  [file.delete('Uniformslope'+ string(k)+ '-Unstable.sav')]
```

需要注意的是,因为本章中心点法可采用并行循环以提高计算效率,为保证并行循

环的各部分计算互不关联,在代码 3.9 第 21～25 行中,对计算生成的文件进行实际操作时,根据第 k 项计算对保存的文件编号。为使用代码 3.9 进行可靠度分析,还需要在执行代码 3.9 之前,根据代码 2.3 定义并执行读取模型参数的 fish 函数,如代码 3.10 所示。

代码 3.10 FLAC³ᴰ 中读取例 3.5 的模型参数

```
1   fish define InputData
2       Array xsamples(100)
3       file.open('x'+string(k)+'.txt',0,1)
4       file.read(xsamples,10)
5       file.close
6       c=float(xsamples(1))
7       fri=float(xsamples(2))
8       soilE=10e6
9       soilP=0.3
10      soilD=1900
11  end
12  @ InputData
```

在利用代码 3.9 完成对数值分析计算以后,需要利用 FLAC³ᴰ 内置 fish 函数获取边坡安全系数,并根据代码 2.4 定义并执行读取计算结果的 fish 函数,如代码 3.11 所示。

代码 3.11 FLAC³ᴰ 中输出例 3.5 安全系数计算结果

```
1   fish define saveData
2       array fos(1)
3       fos(1)=global.fos
4       file.open('FLACres'+string(k)+'.txt',1,1)
5       file.write(fos,1)
6       file.close
7   end
8   @ saveData
```

解:首先将代码 3.9、代码 3.10 和代码 3.11,合并为 FLAC³ᴰ 命令流文件 uniformslope_par.f3dat,以方便可靠度分析中直接调用;其次需要在 MATLAB 中定义本算例的随机变量等基本参数,并存储在文件 Pra.mat 中,如代码 3.12 所示。

代码 3.12 MATLAB 中定义例 3.5 的随机变量等基本参数

```
1   lim=1;
2   xmean =[5e3 15];
```

```
3  covx=[0.3 0.2];
4  xr=eye(length(xmean));
5  mu_y=zeros(1,length(xmean));
6  C_y=xr;
7  save Pra lim xmean covx xr
```

在采用中心点法进行可靠度分析时,需要对$(n+1)$个样本点进行计算,以获取各变量在均值点处的梯度。在 MATLAB 中可采用 parfor 并行循环对这些互不关联的样本点进行计算,具体代码在代码 3.8 基础上进行修改,仅将 delta_y 改为 0.01 来计算偏导数值,其余不变,此处不再赘述。

因为可以采用并行循环,根据代码 2.11 介绍的并行计算数据流接口。本算例只需将代码 2.17 中第 7 行调用的 FLAC³D 命令流文件名改为 uniformslope_par.f3dat,将第 23 行代表的功能函数改为代码 3.13,即可形成 MATLAB 并行调用 FLAC³D 执行 uniformslope_par.f3dat 的函数 CallFLAC_par.m。

代码 3.13 MATLAB 中用于例 3.5 自定义函数 CallFLAC_par.m 的功能函数
```
1 gx=res-lim
```

在依靠数值响应的边坡稳定性可靠度问题求解过程中,同样需通过 MATLAB 调用 FLAC³D 计算功能函数数值,再将计算数值返回 MATLAB 中得到可靠度指标及失效概率。例 3.4 中,在代码 3.8 中采用有限差分法求偏导数的函数;BETA2 为有限差分法求偏导数后计算的可靠度指标;p_f2 为使用有限差分法求偏导数后计算的失效概率,计算得到 BETA2 为 0.506,p_f2 为 0.306。即该边坡稳定性问题可靠度指标 β 和失效概率 p_f 分别为

$$\beta=\frac{\mu_z}{\sigma_z}=0.506,\quad p_f=\Phi(-\beta)=0.306$$

3.4.3　盾构隧道收敛变形问题

【例 3.6】　本算例中的隧道模型以某盾构隧道为原型,模拟其在地表超载下的衬砌变形问题。某盾构隧道有限差分模型网格示意如图 3-7 所示,隧道中心位于地平面下 14 m 处,隧道外径为 6.2 m,衬砌厚度为 0.35 m。考虑到边界效应,模型的两侧距离隧道边界和底部边界距离隧道边界为 31.9 m。采用平面应变模型,模型厚度取 1 m。对于隧道收敛变形,其不确定性主要存在于土体的弹性模量 E 和侧压力系数 K_0,因此取随机变量为 $x=[K_0,E]$,并采用随机变量法进行分析。

扫描二维码获取本算例代码

假设本算例中侧压力系数 K_0 和弹性模量 E 均服从对数正态分布且相互独立,其均值分别为 $\mu_{K0}=0.6$ 和 $\mu_E=10$ kPa,变异系数分别为 $Cov_{K0}=0.15$ 和 $Cov_E=0.3$。土体

黏聚力为 5 kPa，内摩擦角为 25°，泊松比为 0.3，重度为 19 kN/m³。衬砌的弹性模量为 34.5 GPa，重度为 25 kN/m³，泊松比为 0.2。为了简化计算，本算例模型通过采用刚度折减系数的均质圆环来考虑隧道接头的影响，黄宏伟等[9]推荐通缝拼装的衬砌采用 0.67 作为刚度折减系数。衬砌收敛变形是衡量地铁隧道性能的重要指标，根据我国的地铁设计规范[10]，允许的衬砌收敛变形量不超过衬砌外径的 0.4%，对于本算例即 6.2 m×0.4%＝0.024 8 m。因此，本算例的功能函数可写为

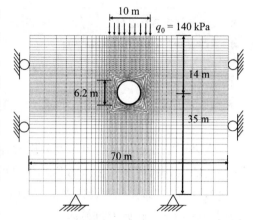

图 3-7　某盾构隧道有限差分模型网格示意图

$$g(\boldsymbol{x}) = 0.024\,8 - C \tag{3-23}$$

其中，衬砌收敛变形 C 需要通过数值模型计算获取。代码 3.14 给出了用于分析衬砌收敛变形 C 的 FLAC³ᴰ 命令流。

代码 **3.14** 盾构隧道超载条件下衬砌收敛变形 FLAC³ᴰ 命令流

```
1   model large-strain off
2   plot item create zone active on contour displacement
3   ;建立网格单元
4   zone create radial-cylinder p 0 0 0 - 14 p 1 5 0 - 14 p 2 0 1 &
5   - 14 p 3 0 0 - 9 dimension 3.1 3.1 3.1 3.1 size 1 2 32 6 group &
6   'soil'
7   zone create cylindrical-shell p 0 0 0 - 14 p 1 3.1 0 - 14 p 2 0 &
8   1 - 14 p 3 0 0 - 10.9 dimension 2.75 2.75 2.75 2.75 size 2 2 32 &
9   6 group 'lining' fill group 'inner_soil'
10  zone reflect origin 0 0 - 14 normal 0 0 1
11  zone create brick p 0 0 0 - 9 p 1 5 0 - 9 p 2 0 1 - 9 p 3 0 0 0 &
12  size 16 2 16 r 1 1 1.05 group 'soil'
13  zone create brick p 0 5 0 - 9 p 1 35 0 - 9 p 2 5 1 - 9 p 3 5 0 0 &
14  size 14 2 16 r 1.2 1 1.05 group 'soil'
15  zone create brick p 0 5 0 - 19 p 1 35 0 - 19 p 2 5 1 - 19 p 3 5 0 &
16  - 9 size 14 2 32 r 1.2 1 1 group 'soil'
17  zone create brick p 0 0 0 - 49 p 1 5 0 - 49 p 2 0 1 - 49 p 3 0 0 &
18  - 19 size 16 2 14 r 1 1 0.85 group 'soil'
19  zone create brick p 0 5 0 - 49 p 1 35 0 - 49 p 2 5 1 - 49 p 3 5 0 &
20  - 19 size 14 2 14 r 1.2 1 0.85 group 'soil'
```

```
21    zone reflect origin 0 0 0 normal 1 0 0
22    ;建立边界约束条件
23    zone face skin
24    zone face apply velocity-normal 0 range group 'West' or 'East'
25    zone face apply velocity-normal 0 range group 'North' or &
26    'South'
27    zone face apply velocity 0 0 0 range group 'Bottom'
28    ;赋予弹性材料属性,在弹性状态下进行初始地应力平衡并重置位移场
29    zone cmodel assign mohr-coulomb
30    zone property cohesion [c] friction [fri] density [soilD] &
31    young [soilE] poisson [soilP]
32    model gravity 10
33    zone initialize-stresses ratio [k0]
34    model solve elastic only
35    zone initialize state 0
36    zone gridpoint initialize displacement (0 0 0)
37    zone gridpoint initialize velocity (0 0 0)
38    ;模拟隧道开挖和衬砌施作并计算至平衡
39    zone cmodel assign null range group 'lining' or 'inner_soil'
40    zone cmodel assign elastic range group 'lining'
41    zone property density [concreteD] young [concreteE* 0.67] &
42    poisson [concreteP] range group 'lining'
43    model solve
44    ;施加地表超载并分析变形
45    zone face apply stress-zz - 140e3 range position- x - 10 10 &
46    position- z 0
47    model solve
```

　　为使用而进行的可靠度分析,还需要在执行代码 3.14 之前,根据代码 2.3 定义并执行读取模型参数的 fish 函数,如代码 3.15 所示。

代码 3.15 FLAC^{3D} 中读取例 3.6 的模型参数

```
1    fish define InputData
2        Array xsamples(100)
3        file.open('x'+string(k)+'.txt',0,1)
4        file.read(xsamples,10)
5        file.close
6        soilE=float(xsamples(1))
```

```
7        K0=float(xsamples(2))
8        soilP=0.3
9        soilD=1900
10        c=5e3
11        fri=25
12        concreteE=34.5e9
13        concreteP=0.2
14        concreteD=2500
15    end
16    @ InputData
```

在利用代码 3.14 完成数值分析计算以后，需要利用 FLAC³ᴰ 内置 fish 函数获取衬砌收敛变形，根据代码 2.4 定义并执行读取计算结果的 fish 函数，如代码 3.16 所示。

代码 3.16 FLAC³ᴰ 中输出例 3.6 隧道衬砌收敛变形的计算结果

```
1    fish define saveData
2        array convergence(1)
3        convergence(1)=math.abs(gp.disp.x(gp.near(3.09,0.5,
     - 14 ))-gp.disp.x(gp.near(-3.09,0.5,-14)))
4        file.open('FLACres'+ string(k)+'.txt',1,1)
5        file.write(convergence,1)
6        file.close
7    end
8    @ saveData
```

解：首先将代码 3.14、代码 3.15、代码 3.16 合并为 FLAC³ᴰ 命令流文件 tunnel_par. f3dat，以方便可靠度分析中直接调用，其次需要在 MATLAB 中定义本算例的随机变量等基本参数，并存储在文件 Pra. mat 中，如代码 3.17 所示。

代码 3.17 MATLAB 中定义例 3.6 的随机变量等基本参数

```
1    lim=6.2* 0.004;
2    xmean=[10e6 0.6];
3    covx=[0.15 0.3];
4    xr=eye(length(mu_x));
5    mu_y=zeros(1,length(xmean));
6    C_y=xr;
7    save Pra lim xmean covx xr
```

同样地,在采用中心点法实施可靠度分析时,需要对$(n+1)$个样本点进行计算,以获取各变量在均值点处的梯度。在 MATLAB 中可采用 parfor 并行循环对这些互不关联的样本进行计算。本算例只需将代码 2.17 中第 7 行调用的 FLAC^{3D} 命令流文件名改为 tunnel_par. f3dat,即可形成 MATLAB 并行调用 FLAC^{3D} 执行 tunnel_par. f3dat 的函数 CallFLAC_par. m。

例 3.4 中,由代码 3.8,采用有限差分法求偏导数的函数;BETA2 为有限差分法求偏导数后计算的可靠度指标;p_f2 为使用有限差分法求偏导数后计算的失效概率,计算得到 BETA2 为 0.026,p_f2 为 0.490。即该盾构隧道收敛问题的可靠度指标 β 和失效概率 p_f 分别为

$$\beta = \frac{\mu_Z}{\sigma_Z} = 0.026, \quad p_f = \Phi(-\beta) = 0.490$$

3.5 小结

本章介绍了岩土及地质工程可靠度分析的中心点法。中心点法作为可靠度研究初期提出的方法,通过一阶原点矩以及二次中心矩两个特征参数,求解得到可靠度指标,计算过程简便,但对于非线性问题,精度有限,可用于非线性可靠度问题的初步分析。通过复杂岩土及地质工程问题算例,本章详细介绍了基于中心点法的解析解以及依靠数值响应的可靠度问题求解过程并给出了 MATLAB 实现代码以及 FLAC^{3D} 命令流。

由于中心点法计算较为简便,在岩土及地质工程的可靠度分析中得到了广泛应用。如边坡工程(如 Low[11]、Low 等[12]、Mbarka 等[13]、吴锐等[14]、李炎隆等[15])和基础工程(如 Fellenius 等[16]、Khoshnevisan 等[17])等。除此之外,部分学者将中心点法进行改进并综合其他方法展开研究,Hasofer 和 Lind[18]提出改进一次二阶矩法即验算点法,用于减少中心点法在计算非线性问题时的误差,Hsu 等[19]分析了采用中心点法对非均质土质边坡计算的可行性,并对失效概率进行适用性评价。Paik[20]分别采用中心点法和改进一次二阶矩法分析了土体储层水文特征。中心点法对于功能函数非线性较为明显时的计算结果有时精确度不高[1],但该方法简单易用,计算速度快,因此常用于可靠度精度要求不高的问题求解,后续章节将继续介绍关于可靠度计算的多种方法。

参考文献

[1] Maier H R, Lence B J, Tolson B A, et al. First order reliability method for estimating reliability, vulnerability, and resilience[J]. Water Resources Research, 2001, 37(3): 779-790.

[2] 王建华, 唐耿琛, 易朋莹, 等. 运用一次二阶矩法分析滑坡稳定可靠度[J]. 工程地质学报, 2006, 14(S1): 138-142.

[3] Huang B, Du X. Probabilistic uncertainty analysis by mean-value first order saddlepoint approximation[J]. Reliability Engineering & System Safety, 2008, 93(2): 325-336.

［4］张明. 结构可靠度分析：方法与程序［M］. 北京：科学出版社，2009.

［5］Sun Y，Chang H，Miao Z，et al. Solution method of overtopping risk model for earth dams［J］. Safety Science，2012，50(9)：1906—1912.

［6］Papadimitriou D I，Mourelatos Z P. Reliability-based topology optimization using mean-value second-order saddlepoint approximation［J］. Journal of Mechanical Design，2018，140(3)：031403.

［7］Crosta G B，Frattini P. Distributed modelling of shallow landslides triggered by intense rainfall［J］. Natural Hazards and Earth System Sciences，2003，3(1/2)：81-93.

［8］Babu G L S，Murthy D S. Reliability analysis of unsaturated soil slopes［J］. Journal of Geotechnical and Geoenvironmental Engineering，2005，131(11)：1423-1428.

［9］黄宏伟，徐凌，严佳梁，等. 盾构隧道横向刚度有效率研究［J］. 岩土工程学报，2006，28(1)：11-18.

［10］中华人民共和国住房和城乡建设部. 地铁设计规范：GB 50157—2013［S］. 北京：中国建筑工业出版社，2013.

［11］Low B K. Reliability-based design applied to retaining walls［J］. Geotechnique，2005，55(1)：63-75.

［12］Low B K，Zhang J，Tang W H. Efficient system reliability analysis illustrated for a retaining wall and a soil slope［J］. Computers and Geotechnics，2011，38(2)：196-204.

［13］Mbarka S，Baroth J，Ltifi M，et al. Reliability analyses of slope stability：Homogeneous slope with circular failure［J］. European Journal of Environmental and Civil Engineering，2010，14(10)：1227-1257.

［14］吴锐，苏爱军，张申，等. 中心点法在岸坡稳定性分析中的应用［J］. 长江科学院院报，2013，30(6)：80-82，89.

［15］李炎隆，唐旺，温立峰，等. 沥青混凝土心墙堆石坝地震变形评价方法及其可靠度分析［J］. 水利学报，2020，51(5)：580-588.

［16］Fellenius B H，Altaee A，Ismael N F. Analysis of load tests on piles driven through Calcareous Desert Sands［J］. Journal of Geotechnical and Geoenvironmental Engineering，2001，127(2)：200-201.

［17］Khoshnevisan S，Wang L，Juang C H. Simplified procedure for reliability-based robust geotechnical design of drilled shafts in clay using spreadsheet［J］. Georisk：Assessment and Management of Risk for Engineered Systems and Geohazards，2016，10(2)：121-134.

［18］Hasofer A M，Lind N C. Exact and invariant second-moment code format［J］. Journal of the Engineering Mechanics Division，1974，100(1)：111-121.

［19］Hsu Y C，Lin J S，Kuo J T. Projection method for validating reliability analysis of soil slopes［J］. Journal of Geotechnical and Geoenvironmental Engineering，2007，133(6)：753-756.

［20］Paik K. Analytical derivation of reservoir routing and hydrological risk evaluation of detention basins［J］. Journal of Hydrology，2008，352(1-2)：191-201.

［21］Ang A H S，Tang W H. Probability concepts in engineering：Emphasis on applications to civil and environmental engineering，2e Instructor Site［M］. New Jersey：John Wiley & Sons，Inc. ，2007.

第4章

点 估 计 法

4.1　引言

　　点估计法是一种使用数个计算点得到系统功能函数的多阶矩,进而计算得到所研究系统可靠度的方法。根据随机变量的均值、标准差、偏斜度、相关系数和分布类型等特征,构造计算点并得到计算点对应的权重值,最后代入功能函数,求得功能函数的一阶、二阶或三阶矩。在假设功能函数的分布类型后,即可得到系统的可靠度指标。不同的点估计法之间的差异在于使用了不同的方法构造计算点。本章将介绍两个经典的点估计法,分别是 Rosenblueth 方法[1] 和 Harr 方法[2]。本章将分别介绍二者的二阶可靠度和三阶可靠度分析,最后通过案例展示其计算过程。

4.2　点估计法基本原理

4.2.1　Rosenblueth 方法

　　Rosenblueth 方法是由 Rosenblueth[1] 提出的点估计法。假设功能函数 $y = g(\boldsymbol{X})$ 与包含 n 个随机变量的随机向量 $\boldsymbol{X} = [x_1, x_2, \cdots, x_n]$ 有关。假设这 n 个随机变量均为对称的概率分布,其均值向量 $\boldsymbol{\mu} = [\mu_1, \mu_2, \cdots, \mu_n]$,标准差向量 $\boldsymbol{\sigma} = [\sigma_1, \sigma_2, \cdots, \sigma_n]$。令 ρ_{ij} 表示随机变量 x_i 和 x_j 之间的相关系数。对于 n 个随机变量,通过对每个随机变量的均值加、减一个标准差并排列组合,可构造 2^n 个计算点。计算点和对应的权重值表示如下:

$$y_{(s_1 s_2 \cdots s_n)} = g(\mu_1 + s_1 \sigma_1, \mu_2 + s_2 \sigma_2, \cdots, \mu_n + s_n \sigma_n) \tag{4-1}$$

$$P_{(s_1 s_2 \cdots s_n)} = \frac{1}{2^n} \left[1 + \sum_{i=1}^{n-1} \sum_{j=i+1}^{n} (s_i)(s_j) \rho_{ij} \right] \tag{4-2}$$

式中　$\mu_i + s_i \sigma_i$ ——计算点的第 i 项(s_i 表示正号或负号,其取值分别代表两种不同的情形);

　　　　y_i ——代入计算点后的功能函数值;

　　　　P_i ——计算点对应的权重值。

以随机变量数 2 为例,根据式(4-1)和式(4-2),应选取 4 个计算点,各点和权重如表 4-1 所示。

表 4-1　计算点选取

计算点数	计算点选取	权重值
点 1	$(\mu_1+\sigma_1,\mu_2+\sigma_2)$	$(1+\rho_{12})/4$
点 2	$(\mu_1+\sigma_1,\mu_2-\sigma_2)$	$(1-\rho_{12})/4$
点 3	$(\mu_1-\sigma_1,\mu_2+\sigma_2)$	$(1-\rho_{12})/4$
点 4	$(\mu_1-\sigma_1,\mu_2-\sigma_2)$	$(1+\rho_{12})/4$

用 Rosenblueth 方法得到计算点后,使用式(4-3)计算出功能函数的各阶原点矩,并通过式(4-4)计算出功能函数的方差为

$$E(y^m) \approx \sum P_i(y_i)^m \tag{4-3}$$

$$Var(y) \approx E(y^2) - E(y)^2 \tag{4-4}$$

式中　$E(y^m)$——功能函数的 m 阶原点矩;

　　　$Var(y)$——功能函数的方差。

可利用式(4-3)和式(4-4)获取 y 的一阶原点矩和标准差,代入式(1-28),获得了系统的可靠度指标。然后利用式(1-30),可以求得系统的失效概率。需要注意的是,若 y 不服从正态分布,上述求解的可靠度指标和失效概率可能具有误差。

使用 Rosenblueth 方法时,随机变量 $\mathbf{X}$ 应为对称分布,而最常见的对称分布是正态分布。若随机变量服从不对称的分布(如对数正态分布),应先在正态分布标准空间取点,后将随机变量映射到标准空间即可。以对数正态分布为例,具体映射方法如下。

假设随机变量 $\mathbf{X}$ 服从对数正态分布,取与 $\mathbf{X}$ 对应的标准正态分布变量集合 $\mathbf{X}_1$(同样含有 n 个随机变量,且 $\mathbf{X}_1$ 的均值均为 0,标准差均为 1)。将 $\mathbf{X}_1$ 的均值矩阵 $\boldsymbol{\mu}_1$ 和标准差矩阵 $\boldsymbol{\sigma}_1$ 代入 Rosenblueth 方法取点,得到的计算点集为 $\mathbf{y}_1$。根据以下公式,由标准空间中的计算点集 $\mathbf{y}_1$ 得到原空间中的计算点集 $\mathbf{y}$。

$$\xi = \sqrt{\ln\left[1+\left(\frac{\sigma}{\mu}\right)^2\right]} \tag{4-5}$$

$$\lambda = \ln\mu - \frac{1}{2}\xi^2 \tag{4-6}$$

$$\mathbf{y} = \mathrm{e}^{\lambda+\xi\mathbf{y}_1} \tag{4-7}$$

式中　μ,σ——随机变量 $\mathbf{X}$ 的均值和标准差;

　　　$\mathbf{y}_1$——标准空间中的计算点集。

最后将计算点集 $\mathbf{y}$ 代入功能函数,假设功能函数服从多元正态分布,通过式(1-28)

和式(1-30)计算可得到系统的可靠度和失效概率。

当随机变量的数量 n 较大时,Rosenblueth 方法需要计算 2^n 个计算点,计算可能较复杂,且 Rosenblueth 方法只能适用于随机变量服从对称分布的情况,不对称分布的随机变量需要通过式(4-5)—式(4-7)的转换后方可进行计算。

4.2.2 Harr 方法

若功能函数中的自变量有 n 个,Rosenblueth 方法需要计算 2^n 个计算点。Harr[2] 提出的点估计法只需要计算 $2n$ 个计算点。在 n 较大时,Harr 方法可以进一步降低计算难度。

假设功能函数 $y=g(X)$ 有 n 个随机变量 $\boldsymbol{X}=[x_1, x_2, \cdots, x_n]$。该 n 个随机变量需为对称分布变量,它们的均值 $\boldsymbol{\mu}=[\mu_1, \mu_2, \cdots, \mu_n]$,标准差 $\boldsymbol{\sigma}=[\sigma_1, \sigma_2, \cdots, \sigma_n]$,并假设 R_X 表示随机变量的相关系数矩阵。可代入以下公式求得相关系数矩阵的特征向量和特征值:

$$R_X = \boldsymbol{VLV}^{\mathrm{T}} \tag{4-8}$$

式中　V ——特征向量,可写作 $\boldsymbol{V}=[v_1, v_2, \cdots, v_n]$,其中 n 是随机变量的个数;

　　　v_i ——特征向量的列向量;

　　　L ——特征值向量,其主对角线元素为 $[\lambda_1, \lambda_2, \cdots, \lambda_n]$,其中 λ_i 是特征值。

在得到特征向量 V 和特征值向量 L 后,可代入以下公式得到 $2n$ 个计算点:

$$t'_{i\pm} = \pm\sqrt{n}\, v_i \tag{4-9}$$

$$t_{i\pm} = \mu + \sigma t'_{i\pm} \tag{4-10}$$

式中　t'_{i+}, t'_{i-} ——标准化参数空间中沿着第 i 个特征向量 v_i 且包含两个交点的列向量;

　　　t_{i+}, t_{i-} ——$2n$ 个交点在原始参数空间中的坐标;

　　　μ ——随机变量的均值;

　　　σ ——随机变量的标准差。

通过式(4-11),将 $2n$ 个计算点代入功能函数:

$$y_{i\pm} = g(t_{i\pm}) \tag{4-11}$$

式中,y_i 表示计算点的功能函数值。

通过式(4-12)、式(4-13)计算功能函数的多阶原点矩公式如下:

$$\overline{y_i^m} = \frac{y_{i+}^m + y_{i-}^m}{2} \tag{4-12}$$

$$E(y^m) \approx \frac{\sum\limits_{i=1}^{n} \lambda_i \overline{y_i^m}}{n} \tag{4-13}$$

式中 λ_i ——第 i 个特征值；

$\qquad$ n ——随机变量的个数；

$\qquad$ $E(y^m)$ ——功能函数的 m 阶原点矩。

根据式(4-13)，可以近似认为计算点 t_{i+} 和 t_{i-} 对应的权重为 λ_i/n。

可通过式(4-4)得到功能函数的方差，然后假设功能函数值服从多元正态分布，可以代入式(1-28)、式(1-30)，求出系统的可靠度指标 β 和失效概率 p_f。

4.2.3 三阶可靠度

以上用 Rosenblueth 方法和 Harr 方法计算系统的可靠度和失效概率均只用到了功能函数的前两阶矩，在功能函数较复杂时，两种方法对系统可靠度和失效概率的模拟存在较大偏差。而 Zhao 和 Ono[3] 提出了利用功能函数的第三阶中心矩(偏度)和第四阶中心矩(丰度)的点估计法，可以有效地提高点估计法计算的精度。为了简单起见，本节只介绍利用前三阶矩计算系统可靠度的方法。

用 α_{3G} 表示系统功能函数的第三阶中心矩，可以使用中心矩和原点矩之间的以下转化关系求得。

$$\alpha_{3G}=\frac{E(X^3)-3E(X^2)E(X)+2E(X)^3}{\left[E(X^2)-E(X)^2\right]^{\frac{3}{2}}} \tag{4-14}$$

利用式(1-28)，可以计算出功能函数的二阶可靠度 β_{2M}。假设功能函数服从三阶矩的对数正态分布，Zhao 和 Ono[4] 给出了三阶可靠度 β_{3M} 的计算公式。

$$a=-\frac{1}{\alpha_{3G}}\left(\frac{1}{\alpha_{3G}^2}+\frac{1}{2}\right), \quad b=-\frac{1}{2\alpha_{3G}^2}\sqrt{\alpha_{3G}^2+4} \tag{4-15}$$

$$u_b=(a+b)^{1/3}+(a-b)^{1/3}-\frac{1}{\alpha_{3G}} \tag{4-16}$$

$$A=1+\frac{1}{u_b^2} \tag{4-17}$$

$$\beta_{3M}=\frac{-\operatorname{sign}(\alpha_{3G})}{\sqrt{\ln A}}\ln\left[\sqrt{A}\left(1+\frac{\beta_{2M}}{u_b}\right)\right] \tag{4-18}$$

式中，$\operatorname{sign}(\cdot)$ 表示符号函数。当 $x>0$，$\operatorname{sign}(\cdot)=1$；当 $x=0$，$\operatorname{sign}(\cdot)=0$；当 $x<0$，$\operatorname{sign}(\cdot)=-1$。

Zhao 和 Ang[5] 提出，当 $-1<\alpha_{3G}<1$ 时，可以对三阶矩可靠度计算公式进行简化：

$$\beta_{3M}=-\frac{\alpha_{3G}}{6}-\frac{3}{\alpha_{3G}}\ln\left(1-\frac{1}{3}\alpha_{3G}\beta_{2M}\right) \tag{4-19}$$

当 $\alpha_{3G}<0$ 时，式(4-19)成立；当 $\alpha_{3G}>0$ 时，仅当 $\beta_{2M}<3/\alpha_{3G}$ 时，式(4-19)才成立。

当计算得到 β_{3M} 后,通过式(1-30)可以计算出系统的失效概率。

　　在点估计法得到的系统的失效概率非常小时(比如算出的系统失效概率达到 10^{-3} 数量级),根据 Zhang 和 Wang[6]的研究,此时使用二阶矩或三阶矩点估计法得到的系统失效概率可能均存在较大误差,应慎重使用点估计法。

4.3　点估计法流程图

　　点估计法的计算流程如下:

　　(1) 根据随机变量的均值、方差,在标准正态空间选取计算点,并将计算点映射至原空间,获得计算点和其对应的权重值。

　　(2) 将计算点代入功能函数,求得功能函数的均值和方差(若使用三阶矩的点估计法,则应还求出功能函数的偏度)。

　　(3) 求出系统的可靠度指标和失效概率。

　　点估计法流程图详见图 4-1。

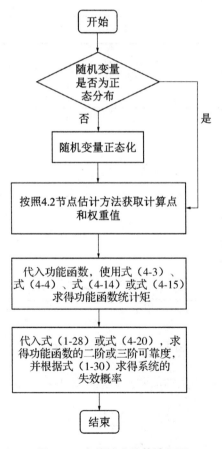

图 4-1　点估计法计算流程图

4.4　有显式功能函数的可靠度问题

4.4.1　非线性功能函数算例

【**例 4.1**】　使用本章点估计法求解例 3.1 中的非线性功能函数算例。

扫描二维码获取本算例代码

解：（1）Rosenblueth 方法

本题随机变量已经服从正态分布，无需进行变量的正态化。使用式（4-1）、式（4-2），得到 4 个计算点和对应的权重如表 4-2 所示。

表 4-2　计算点和权重值汇总

计算点数	坐标	权重
点 1	(3, 4)	0.125
点 2	(3, 0)	0.375
点 3	(−1, 4)	0.375
点 4	(−1, 0)	0.125

根据式（3-12）和表 4-2，变量 x_1 和 x_2 的设计取样点如图 4-2 所示。

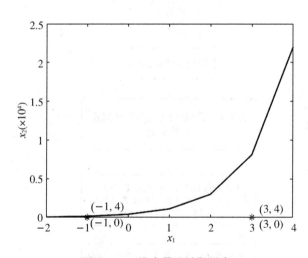

图 4-2　二维变量设计取样点

使用式（4-3），得到功能函数的前两阶原点矩如下：

$$\mu = E(X) = \sum P_i y_i = 4\ 123.7$$

$$E(X^2) = \sum P_i y_i^2 = 3.283 \times 10^7$$

使用式(4-4),得到功能函数的标准差如下:

$$\sigma = \sqrt{Var(X)} = \sqrt{E(X^2) - E(X)^2} = 3\,978.3$$

假设功能函数服从正态分布,通过式(1-28),得到系统的二阶可靠度如下:

$$\beta = \frac{\mu}{\sigma} = 1.036\,6$$

通过式(1-30),得到系统的二阶失效概率如下:

$$p_f = \Phi(-\beta) = 0.15$$

由于功能函数值正态分布的偏度为 0,不能假设功能函数服从三阶矩对数正态分布,本题无法使用三阶矩点估计法。

使用 Rosenblueth 点估计法求解例 4.1 的 MATLAB 代码如代码 4.1 所示。

代码 4.1 在 MATLAB 中使用 Rosenblueth 中心点法求解例 4.1

```
1  clc
2  clear
3  xmean=[1.0,2.0];
4  xsd=[2.0,2.0];
5  % 用"cor"表示相关系数
6  cor12=-0.5;
7  % 功能函数
8  g_fun=@(x1,x2) exp(x1+6)-x2;
9  n=length(xmean);
10  % 定义计算点 t 和权重值 P
11  t=zeros(2^n,2);
12  P=zeros(1,2^n);
13  m=1;
14  for i=1:- 2:-1
15      for j=1:- 2:-1
16          t(m,:)=[xmean(1)+i*xsd(1),xmean(2)+j*xsd(2)];
17          P(1,m)=(1+i*j*cor12)/(2^n);
18          m=m+1;
19      end
20  end
21  % 计算点代入功能函数
22  y=g_fun(t(:,1),t(:,2));
23  % 计算功能函数的各阶矩
24  E_y=P*y;
```

```
25    E_y2=P*(y.^2);
26    mu_y=E_y;
27    sigma_y=sqrt(E_y2-E_y.^2);
28    % 计算系统的二阶可靠和二阶失效概率
29    beta_2M=mu_y/sigma_y
30    Pf00= normcdf(- beta_2M,0,1)
```

（2）Harr 方法

本题随机变量已经服从正态分布，无需进行变量的正态化。使用式(4-8)、式(4-10)，可以得到 Harr 点估计法的 4 个计算点。使用式(4-13)，可以得到计算点对应的权重。

表 4-3　计算点和权重值汇总

计算点数	坐标	权重
点 1	（−1，0）	0.125
点 2	（3，4）	0.125
点 3	（−1，4）	0.375
点 4	（3，−1）	0.375

根据式(3-12)和表 4-3，变量 x_1 和 x_2 的设计取样点如图 4-3 所示。

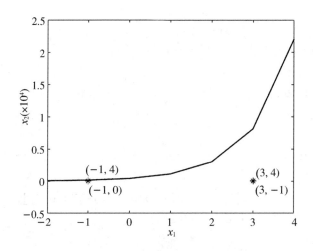

图 4-3　二维变量设计取样点

使用式(4-3)，得到功能函数的前两阶原点矩如下：

$$\mu=E(X)=\sum P_i y_i=4\,123.7$$

$$E(X^2)=\sum P_i y_i^2=3.283\times10^7$$

使用式(4-4),得到功能函数的标准差如下:

$$\sigma = \sqrt{Var(X)} = \sqrt{E(X^2) - [E(X)]^2} = 3\,978.3$$

假设功能函数服从二元正态分布,通过式(1-28),得到系统的二阶可靠度如下:

$$\beta = \frac{\mu}{\sigma} = 1.036\,6$$

通过式(1-30)得到系统的二阶失效概率如下:

$$p_f = \Phi(-\beta) = 0.15$$

由于功能函数的偏度为 0,不能假设功能函数服从三阶矩对数正态分布,本题无法使用三阶矩点估计法。

使用 Harr 点估计法求解例 4.1 的 MATLAB 代码如代码 4.2 所示。

代码 4.2 在 MATLAB 中使用 Harr 中心点法求解例 4.1

```
1  clc
2  clear
3  xmean=[1.0,2.0];
4  xsd=[2.0,2.0];
5  % 用"cor"表示相关系数
6  cor12 =-0.5;
7  % 功能函数
8  g_fun =@ (x1,x2) exp(x1+6)-x2;
9  n=length(xmean);
10  R=[1,cor12;cor12,1];
11  [V,L]=eig(R);
12  lambda=diag(L);
13  x_apo=sqrt(2)*V;
14  % 计算点 x_p 与 x_m,权重值 P
15  x_p=zeros(n,n);
16  x_m=zeros(n,n);
17  for i=1:n
18    x_p(:,i)=xmean'+diag(xsd)*x_apo(:,i);
19    x_m(:,i)=xmean'-diag(xsd)*x_apo(:,i);
20  end
21  P=lambda./n;
22  % 将计算点代入功能函数
23  y_p=g_fun(x_p(1,:),x_p(2,:));
24  y_m=g_fun(x_m(1,:),x_m(2,:));
```

```
25  % 计算功能函数的各阶矩
26  y=0.5*(y_p+y_m);
27  y2=0.5*(y_p.^2+y_m.^2);
28  E=P'*[y;y2]';
29  mu_y=E(1);
30  sigma_y=sqrt(E(2)-E(1).^2);
31  % 计算系统的二阶可靠度和二阶失效概率
32  beta=mu_y/sigma_y
33  Pf00=normcdf(- beta,0,1)
```

4.4.2 条形基础问题

【例 4.2】 使用本章点估计法求解例 3.2 中的条形基础可靠度问题。

解：（1）Rosenblueth 方法

扫描二维码获取本算例代码

由于随机变量 c、φ 和 q 均为对数正态分布，所以应当先在正态分布标准空间取点，后将随机变量映射到标准空间。选取标准正态分布变量 c_1、φ_1 和 q_1，则得到随机变量均值矩阵 $\boldsymbol{\mu}_1=[0,0,0]$，标准差矩阵 $\boldsymbol{\sigma}_1=[1,1,1]$。由于变量间相互独立，故相关系数矩阵 $\boldsymbol{\rho}_1$ 为 3×3 的全零矩阵。

应当先计算出标准正态空间中的计算点和权重值，代入式（4-1）和式（4-2），利用 Rosenblueth 方法得到标准空间中的计算点集 $\boldsymbol{y}_1$ 和相应的权重值 $\boldsymbol{P}_1$，如表 4-4 所示。

表 4-4 计算点集 $\boldsymbol{y}_1$ 和权重值 $\boldsymbol{P}_1$ 汇总

计算点数	坐标	权重
点 1	(1, 1, 1)	0.125
点 2	(1, 1, −1)	0.125
……	……	……
点 8	(−1, −1, −1)	0.125

将标准空间中的计算点集 $\boldsymbol{y}_1$ 代入式(4-5)—式(4-7)，得到原空间的计算点集 $\boldsymbol{y}$ 和相应的权重值 $\boldsymbol{P}$，如表 4-5 所示。

表 4-5 计算点集 $\boldsymbol{y}$ 和权重值 $\boldsymbol{P}$ 汇总

计算点数	坐标	权重
点 1	(10.69, 21.99, 229.60)	0.125
点 2	(19.69, 21.99, 170.38)	0.125
……	……	……
点 8	(10.29, 18.01, 170.38)	0.125

将计算点集 y 代入功能函数,假设功能函数服从正态分布,并通过式(4-3)、式(4-4)得到功能函数的均值 $\mu = 72.14$,功能函数的标准差 $\sigma = 88.54$。 使用式(1-28)和式(1-30),得到系统二阶可靠度 $\beta_{2M} = 0.8148$,系统二阶失效概率 $p_{f\_2M} = 0.2076$。

若使用三阶矩 Rosenblueth 方法,通过式(4-14)、式(4-19),可以得到系统的三阶可靠度 $\beta_{3M} = 0.8028$,系统三阶失效概率 $p_{f\_3M} = 0.2111$。 本题使用二阶矩和三阶矩的 Rosenblueth 方法得到的系统失效概率值相差不大。

使用 Rosenblueth 点估计法求解例 4.2 的 MATLAB 代码如代码 4.3 所示。

代码 4.3 在 MATLAB 中使用 Rosenblueth 中心点法求解例 4.2

```
1   clc
2   clear
3   xmean=[15,20,200];
4   xsd=[5,2,30];
5   covx=xsd./xmean;
6   % 用"cor"表示相关系数
7   [cor12,cor13,cor23]=deal(0,0,0);
8   % 定义随机变量数 n
9   n=length(xmean);
10  % 获得计算点 t 和权重值 P
11  t=zeros(2^n,n);
12  P=zeros(1,2^n);
13  ymean=zeros(1,length(xmean));
14  ysd=ones(1,length(xmean));
15  m=1;
16  for i=1:-2:-1
17      for j=1:-2:-1
18          for k=1:-2:-1
19              t(m,:)=[ymean(1)+i*ysd(1),ymean(2)+j*ysd(2),...
20                  ymean(3)+k*ysd(3)];
21              P(1,m)=(1+i*j*cor12+j*k*cor23+i*k*cor13)/(2^n);
22              m=m+1;
23          end
24      end
25  end
26  % 将计算点映射至原空间
27  t_trans=getx_log(t,xmean,covx);
28  % 将计算点代入功能函数
29  y=g_fun(t_trans);
```

```
30   % 计算功能函数的各阶矩
31   E_y=P*y;
32   E_y2=P*(y.^2);
33   mu_y=E_y;
34   sigma_y=sqrt(E_y2-E_y.^2);
35   % 计算系统的二阶可靠和二阶失效概率
36   beta_2M=mu_y/sigma_y
37   Pf00=normcdf(-beta_2M,0,1)
```

为了将对数正态空间中选取的计算点集 t 转换为标准空间中的计算点集 t_trans，在代码 4.3 的第 26 行采用了代码 2.10 定义的 MATLAB 函数 getx_log. m 以完成上述操作。代码 4.3 的第 28 行将标准空间中的计算点代入系统功能函数中，该功能函数采用了代码 3.3 定义的 MATLAB 函数 g_fun. m。

当采用 4.2.3 节中介绍的三阶可靠度时，代码 4.3 中的第 29～36 行应当替换为代码 4.4。

代码 4.4 使用三阶矩 Rosenblueth 方法计算系统可靠度和失效概率

```
1    % 计算功能函数的各阶矩
2    E_y=P*y;
3    E_y2=P*(y.^2);
4    E_y3=P*(y.^3);
5    mu_y=E_y;
6    sigma_y=sqrt(E_y2-E_y.^2);
7    alpha3_y=(E_y3-3*E_y2*E_y+2*E_y.^3)/(sigma_y.^3);
8    beta_2M=mu_y/sigma_y;
9    % 计算系统的三阶可靠度和失效概率
10   if alpha3_y< 0||beta_2M< 3/alpha3_y
11       beta_3M=- alpha3_y/6- 3/alpha3_y*log(1-alpha3_y*beta_2M/3);
12   else
13       fprintf("beta_3M 要用精确方程求\n")
14       a=-1/alpha3_y*(1/alpha3_y^2+0.5);
15       b=-1/(2*alpha3_y^2)*sqrt(alpha3_y^2+4);
16       mu_b=(a+b)^1/3+(a- b)^1/3-1/alpha3_y;
17       A=1+1/mu_b^2;
18       beta_3M=- sign(alpha3_y)/sqrt(log(A))* ...
             log(sqrt(A)*(1+beta_2M/mu_b));
19   end
20   Pf00=normcdf(-beta_3M,0,1)
```

（2）Harr 方法

同样选取标准正态分布变量 X_1，同 Rosenblueth 方法，随机变量 X_1 的均值矩阵 $\mu_1 = [0, 0, 0]$，标准差矩阵为 $\sigma_1 = [1, 1, 1]$，相关系数矩阵 ρ_1 为 3×3 的全零矩阵。

使用式（4-8），得到随机变量的特征值向量 L 和特征向量矩阵 V。通过式（4-5）—式（4-7），可以得到标准空间中的计算点集 y_1。通过坐标转换函数 getx_log. m，得到 Harr 点估计方法的计算点集和相应的权重值如表 4-6 所示。

表 4-6 计算点集和权重值汇总

计算点数	坐标	权重
点 1	(22.52, 19.90, 197.79)	0.167
点 2	(14.23, 22.92, 197.79)	0.167
……	……	……
点 6	(14.23, 19.90, 160.17)	0.167

将计算点集代入功能函数，假设功能函数服从正态分布，并通过式（4-13）得到功能函数的均值 $\mu = 66.89$，标准差 $\sigma = 72.66$。使用式（1-28）和式（1-30），得到系统二阶可靠度 $\beta_{2M} = 0.9205$，系统二阶失效概率 $p_{f\_2M} = 0.1787$。

若使用三阶矩 Harr 方法，通过式（4-14）—式（4-19），可以得到系统的三阶可靠度：$\beta_{3M} = 0.9159$，系统三阶失效概率为 $p_{f\_3M} = 0.1799$。本题使用二阶矩和三阶矩的 Harr 方法得到的系统失效概率相差不大。

使用 Harr 点估计法求解例 4.2 的 MATLAB 代码如代码 4.5 所示。

代码 4.5 在 MATLAB 中使用 Harr 中心点法求解例 4.2

```
1  clc
2  clear
3  xmean=[15,20,200];
4  xsd=[5,2,30];
5  covx=xsd./xmean;
6  % 用"cor"表示相关系数
7  [cor12,cor13,cor23]=deal(0,0,0);
8  % 定义随机变量数 n
9  n=length(xmean);
10  R=[1,cor12,cor13;cor12,1,cor23;cor13,cor23,1];
11  [V,L]=eig(R);
12  lambda=diag(L);
13  y_apo=sqrt(2)*V;
14  % 获得计算点集 t_p 和 t_m 和权重值 P
15  t_p=zeros(n,n);
16  t_m=zeros(n,n);
```

```
17  ymean=zeros(1,length(xmean));
18  ysd=ones(1,length(xmean));
19  for i=1:n
20    t_p(:,i)=ymean'+diag(ysd)*y_apo(:,i);
21    t_m(:,i)=ymean'-diag(ysd)*y_apo(:,i);
22  end
23  P=lambda./n;
24  % 将计算点集映射至原空间
25  t_trans_p=getx_log(t_p,xmean,covx);
26  t_trans_m=getx_log(t_m,xmean,covx);
27  % 将计算点代入功能函数
28  y_p=g_fun(t_trans_p);
29  y_m=g_fun(t_trans_m);
30  % 计算功能函数的各阶矩
31  y=0.5*(y_p+y_m);
32  y2=0.5*(y_p.^2+y_m.^2);
33  E=P'*[y,y2];
34  mu_y=E(1);
35  sigma_y=sqrt(E(2)-E(1).^2);
36  % 计算系统的二阶可靠度和二阶失效概率
37  beta_2M=mu_y/sigma_y
38  Pf00=normcdf(-beta_2M,0,1)
```

为了将对数正态空间中选取的计算点集 t_p 和 t_m 转换为标准空间中的计算点集 t_trans_p 和 t_trans_m，在代码 4.5 的第 25～26 行采用了代码 2.10 定义的 MATLAB 函数 getx_log.m 以完成上述操作。代码 4.5 的第 28～29 行将标准空间中的计算点代入系统功能函数中，该功能函数采用了代码 3.3 定义的 MATLAB 函数 g_fun.m。

当采用 4.2.3 节中介绍的三阶可靠度时，代码 4.5 中的第 30～38 行应当替换为代码 4.6。

代码 4.6 使用三阶矩 Harr 方法计算系统可靠度和失效概率
```
1  % 计算功能函数的各阶矩
2  y=0.5*(y_p+y_m);
3  y2=0.5*(y_p.^2+y_m.^2);
4  y3=0.5*(y_p.^3+y_m.^3);
5  E=P'*[y,y2,y3];
6  mu_y=E(1);
7  sigma_y=sqrt(E(2)-E(1).^2);
```

```
8   alpha3_y=(E(3)-3*E(2)*E(1)+2*E(1).^3)/(sigma_y.^3);
9   beta_2M=mu_y/sigma_y;
10  % 计算系统的三阶可靠度和失效概率
11  if alpha3_y< 0||beta_2M< 3/alpha3_y
12      beta_3M=- alpha3_y/6- 3/alpha3_y*log(1-alpha3_y*beta_2M/3);
13  else
14      fprintf("beta_3M要用精确方程求\n")
15      a=- 1/alpha3_y*(1/alpha3_y^2+0.5);
16      b=-1/(2*alpha3_y^2)*sqrt(alpha3_y^2+4);
17      mu_b=(a+ b)^1/3+(a- b)^1/3-1/alpha3_y;
18      A=1+1/mu_b^2;
19      beta_3M=- sign(alpha3_y)/sqrt(log(A))*...
            log(sqrt(A)*(1+beta_2M/mu_b));
20  end
21  Pf00=normcdf(-beta_3M,0,1)
```

4.4.3　无限长边坡问题

【例 4.3】　使用本章点估计法求解例 3.3 中的无限长边坡可靠度问题。

扫描二维码获取本算例代码

解：（1）Rosenblueth 方法

本题随机变量已经服从正态分布，无需进行变量正态化。使用式(4-1)、式(4-2)，得到 32 个计算点和对应的权重值，如表 4-7 所示。

表 4-7　计算点和权重值汇总

计算点数	坐标	权重
点 1	(12, 40, 0.55, 3.6, 0.09)	0.0312
点 2	(12, 40, 0.55, 3.6, −0.05)	0.0312
点 3	(12, 40, 0.55, 2.4, 0.09)	0.0312
……	……	……
点 31	(8, 36, 0.45, 2.4, 0.09)	0.0312
点 32	(8, 36, 0.45, 2.4, −0.05)	0.0312

将计算点代入功能函数，使用式(4-3)、式(4-4)，得到功能函数的均值 $\mu=0.067\,3$，功能函数标准差 $\sigma=0.165\,0$。假设功能函数服从多元正态分布，通过式(1-28)，得到系统的二阶可靠度 $\beta=0.407\,7$，通过式(1-30)得到系统的失效概率 $p_f=0.341\,7$。

由于功能函数的偏度为 0，不能假设功能函数服从三阶矩对数正态分布，本题无法使用三阶矩点估计法。使用 Rosenblueth 点估计法求解例 4.3 的 MATLAB 代码如下所示。

代码 4.7 在 MATLAB 中使用 Rosenblueth 中心点法求解例 4.3

```
1   clc
2   clear
3   xmean=[10,38,0.5,3,0.02];
4   xsd=[2,2,0.05,0.6,0.07];
5   covx=xsd./xmean;
6   % 用"cor"表示相关系数
7   cor=0;
8   n=length(xmean);
9   % 定义计算点 t 和权重值 P
10  t=zeros(2^n,n);
11  P=zeros(1,2^n);
12  m=1;
13  for i=1:-2:-1
14      for j=1:-2:-1
15          for k=1:-2:-1
16              for r=1:-2:-1
17                  for s=1:-2:-1
18                      t(m,:)=[xmean(1)+i*xsd(1),xmean(2)...
19                          +j*xsd(2),xmean(3)+k*xsd(3),xmean(4)...
20                          +r*xsd(4),xmean(5)+s*xsd(5)];
21                      P(1,m)=1/(2^n);
22                      m=m+1;
23                  end
24              end
25          end
26      end
27  end
28  % 将计算点代入功能函数
29  y=g_fun(t);
30  % 计算功能函数的各阶矩
31  E_y=P*y;
32  E_y2=P*(y.^2);
33  mu_y=E_y;
34  sigma_y=sqrt(E_y2-E_y.^2);
35  % 计算系统的二阶可靠度和二阶失效概率
36  beta_2M=mu_y/sigma_y
37  Pf00=normcdf(-beta_2M,0,1)
```

代码 4.7 的第 27 行将标准空间中的计算点代入系统功能函数中,该功能函数采用了代码 3.6 定义的 MATLAB 函数 g_fun.m。

(2) Harr 方法

本案例随机变量已经服从正态分布,无需进行变量正态化。使用式(4-8)—式(4-10),可以得到 Harr 点估计法的 10 个计算点。使用式(4-13)可以得到计算点和对应的权重值如表 4-8 所示。

表 4-8 计算点和权重值汇总

计算点数	坐标	权重
点 1	(12.83, 38, 0.5, 3, 0.02)	0.1
点 2	(7.17, 38, 0.5, 3, 0.02)	0.1
点 3	(10, 40.83, 0.5, 3, 0.02)	0.1
……	……	……
点 9	(10, 38, 0.5, 3, 0.12)	0.1
点 10	(10, 38, 0.5, 3, −0.08)	0.1

将计算点集代入功能函数,并通过式(4-13),得到功能函数的均值 $\mu=0.0543$,标准差 $\sigma=0.1048$。假设功能函数服从多元正态分布,通过式(1-28),得到系统的二阶可靠度 $\beta=0.5180$,通过式(1-30),得到系统的二阶失效概率 $p_{f,2M}=0.3022$。由于功能函数的偏度为 0,不能假设功能函数服从三阶矩对数正态分布,本题无法使用三阶矩点估计法。

使用 Harr 点估计方法求解例 4.3 的 MATLAB 代码如代码 4.8 所示。

```
代码4.8 在 MATLAB 中使用 Harr 中心点法求解例4.3
1  clc
2  clear
3  xmean=[10,38,0.5,3,0.02];
4  xsd=[2,2,0.05,0.6,0.07];
5  covx=xsd./xmean;
6  cor=0;
7  % 输入随机变量的个数 n
8  n=length(xmean);
9  R=diag([1,1,1,1,1]);
10 [V,L]=eig(R);
11 lambda=diag(L);
12 x_apo=sqrt(2)*V;
13 % 获得计算点 t_p 与 t_m,权重值 P
14 t_p=zeros(n,n);
```

```
15   t_m=zeros(n,n);
16   for i=1:n
17     t_p(:,i)=xmean'+diag(xsd)*x_apo(:,i);
18     t_m(:,i)=xmean'-diag(xsd)*x_apo(:,i);
19   end
20   P=lambda./n;
21   % 将计算点代入功能函数
22   y_p=g_fun(t_p);
23   y_m=g_fun(t_m);
24   % 计算功能函数的各阶矩
25   y=0.5*(y_p+y_m);
26   y2=0.5*(y_p.^2+y_m.^2);
27   E=P'*[y,y2];
28   mu_y=E(1);
29   sigma_y=sqrt(E(2)-E(1).^2);
30   % 计算功能函数的二阶可靠度和失效概率
31   beta_2M=mu_y/sigma_y
32   Pf=normcdf(-beta_2M,0,1)
```

代码 4.8 的第 27 行将标准空间中的计算点代入系统功能函数中,该功能函数采用了代码 3.6 定义的 MATLAB 函数 g_fun.m。

4.5 复杂岩土及地质工程问题的点估计法可靠度分析

4.5.1 浅基础沉降问题

【例 4.4】 在例 3.4 的基础上,利用点估计法对浅基础沉降问题进行可靠度分析求解。

解:(1) Rosenblueth 方法

本算例中变量 E 和 K_0 均为对数正态分布,则应在标准空间取正态分布的随机变量集 $X_1=[E_1,K_{01}]$,X_1 的均值矩阵 $\mu_1=[0,0]$,标准差矩阵为 $\sigma_1=[1,1]$。由于变量间相互独立,故相关系数矩阵 ρ_1 为 2×2 的全零矩阵。

扫描二维码获取本算例代码

代入式(4-1)和式(4-2),可以得到利用 Rosenblueth 方法取得的 4 个在标准空间的计算点 y_1 和权重 P_1,然后使用式(4-5)—式(4-7),将标准空间中的计算点集 y_1 转化为原空间中的计算点集 y,计算点集 y 和相应的权重值 P 如表 4-9 所示。

表 4-9　计算点集 y 和相应的权重值 P 汇总

计算点数	坐标	权重
点 1	$(1.93 \times 10^7, 0.574\ 0)$	0.25
点 2	$(1.93 \times 10^7, 0.425\ 9)$	0.25
点 3	$(1.07 \times 10^7, 0.574\ 0)$	0.25
点 4	$(1.07 \times 10^7, 0.425\ 9)$	0.25

在得到计算点集和相应的权重值集合后,将计算点代入 FLAC^{3D},可以计算得到浅基础的功能函数,功能函数的表达式参考公式。假设功能函数服从正态分布,并通过式(4-3)、式(4-4)得到功能函数的均值 $\mu = 0.006\ 4$,标准差 $\sigma = 0.026\ 7$。使用式(1-28)、式(1-30)得到系统二阶可靠度 $\beta_{2M} = 0.240$,系统二阶失效概率 $p_{f\_2M} = 0.405$。

若使用三阶矩 Rosenblueth 方法,通过式(4-14)—式(4-19),可以得到功能函数的偏度 $\alpha_{3G} = -1.20 \times 10^{-5}$,系统的三阶可靠度 $\beta_{3M} = 0.240$,系统三阶失效概率为 $p_{f\_3M} = 0.405$。

使用 Rosenblueth 点估计法求解例 4.4 的 MATLAB 代码如代码 4.9 所示。

代码 4.9 在 MATLAB 中使用 Rosenblueth 中心点法求解例 4.4

```
1  clc
2  clear
3  format compact
4  lim=0.1;
5  xmean=[15e6 0.5];
6  covx=[0.3 0.15];
7  xsd=xmean.*covx;
8  xr=eye(length(xmean));
9  save Pra lim xmean xr xsd covx
10 % 用"cor"表示相关系数,用 n 表示随机变量数
11 cor12=0;
12 n=length(xmean);
13 % 获得计算点和权重集合
14 t=zeros(2^n,n);
15 P=zeros(1,2^n);
16 m=1;
17 ymean=zeros(1,length(xmean));
18 ysd=ones(1,length(xmean));
19 for i=1:-2:-1
20     for j=1:-2:-1
21         t(m,:)=[ymean(1)+i*ysd(1),ymean(2)+j*ysd(2)];
```

```
22          P(1,m)=(1+i*j*cor12)/(2^n);
23          m=m+1;
24      end
25 end
26 % 将计算点代入 FLAC³ᴰ 进行并行计算
27 parfor k=1:1:2^n
28 [y(k,1),～]=CallFLAC_par(k,t(k,:));
29 end
30 % 计算功能函数的各阶矩
31 E_y=P*y;
32 E_y2=P*(y.^2);
33 mu_y=E_y;
34 sigma_y=sqrt(E_y2-E_y.^2);
35 % 计算系统的二阶可靠度和失效概率
36 beta_2M=mu_y./sigma_y
37 pf00=normcdf(-beta_2M,0,1)
```

代码 4.9 的第 27～29 行为使用 MATLAB 进行并行计算的代码。MATLAB 并行调用 FLAC³ᴰ 执行 shallowfoundation_par. f3dat 的函数 CallFLAC_par. m 的定义,请参考代码 2.17。当采用 4.2.3 节中介绍的三阶可靠度时,代码 4.9 中的第 30～37 行替换为代码 4.4 即可。

（2）Harr 方法

同本案例 Rosenblueth 方法一样,Harr 方法也需要先在标准空间取计算点集 y_1,然后使用坐标转换函数 getx_log. m 对计算点集进行坐标转换,得到原空间中的计算点集 y 和相对应的权重集 P 如表 4-10 所示。

表 4-10 计算点集 y 和权重值 P 汇总

计算点数	坐标	权重
点 1	$(2.18\times10^7, 0.4945)$	0.25
点 2	$(1.44\times10^7, 0.6106)$	0.25
点 3	$(9.49\times10^6, 0.4945)$	0.25
点 4	$(1.44\times10^7, 0.4004)$	0.25

在得到计算点集和权重值集合后,将计算点代入 FLAC³ᴰ,可以计算得到浅基础的功能函数,功能函数的表达式参考式（2-1）。假设功能函数服从正态分布,并通过式（4-13）得到功能函数均值 $\mu=0.0064$,标准差 $\sigma=0.0274$。 使用式（1-28）和式（1-30）,可以得到系统二阶可靠度 $\beta_{2M}=0.234$,系统二阶失效概率 $p_{f\_2M}=0.408$。

若使用三阶矩 Harr 方法,通过式(4-14)—式(4-19),可以得到功能函数的偏度 $\alpha_{3G} = -0.421\,7$,系统的三阶可靠度 $\beta_{3M} = 0.300$,系统三阶失效概率 $p_{f\,3M} = 0.382$。 可以看出,二阶矩的 Rosenblueth 方法和 Harr 方法算出的系统可靠度相差很小,三阶矩方法相差稍微偏大,但仍是可接受的。

使用 Harr 点估计方法求解例 4.4 的 MATLAB 代码如代码 4.10 所示。

代码 4.10 在 MATLAB 中使用 Harr 中心点法求解例 4.4

```
1  clc
2  clear
3  format compact
4  lim=0.1;
5  xmean=[15e6 0.5];
6  covx=[0.3 0.15];
7  xsd=xmean.*covx;
8  xr=eye(length(xmean));
9  save Pra lim xmean xr xsd covx
10  % 用"cor"表示相关系数,用 n 表示随机变量数目
11  cor12=0;
12  n=length(xmean);
13  R=[1,cor12;cor12,1];
14  [V,L]=eig(R);
15  lambda=diag(L);
16  y_apo=sqrt(2)*V;
17  % 获得计算点和权重集合
18  t_p=zeros(n,n);
19  t_m=zeros(n,n);
20  ymean=zeros(1,length(xmean));
21  ysd=ones(1,length(xmean));
22  for i=1:n
23    t_p(:,i)=ymean'+diag(ysd)*y_apo(:,i);
24    t_m(:,i)=ymean'-diag(ysd)*y_apo(:,i);
25  end
26  P=lambda./n;
27  % 将计算点代入 FLAC³ᴰ 进行计算
28  parfor k=1:1:n
29  [y_p(k,1),~]=CallFLAC_par(k,t_p(:,k)');
30  [y_m(k,1),~]=CallFLAC_par(k,t_m(:,k)');
31  end
```

```
32  % 计算功能函数的各阶矩
33  y=0.5*(y_p+ y_m);
34  y2=0.5*(y_p.^2+ y_m.^2);
35  E=P'*[y,y2];
36  mu_y=E(1);
37  sigma_y=sqrt(E(2)- E(1).^2);
38  % 计算系统的二阶可靠度和失效概率
39  beta_2M=mu_y/sigma_y
40  pf00=normcdf(-beta_2M,0,1)
```

代码 4.10 的第 28～31 行为使用 MATLAB 进行并行计算的代码,在第 29 行和第 30 行中使用了自定义的 MATLAB 函数 CallFLAC_par.m,相关请参考代码 2.17。当采用 4.2.3 节中介绍的三阶可靠度时,代码 4.10 中的第 32～40 行替换为代码 4.6 即可。

4.5.2　边坡稳定性问题

【例 4.5】　在例 3.5 的基础上,采用点估计法对边坡稳定性问题进行可靠度分析求解。

扫描二维码获取本算例代码

解:（1）Rosenblueth 方法

变量 c 和 φ 均为对数正态分布,则应在标准空间取正态分布的随机变量集 $\boldsymbol{X}_1=[c_1, \varphi_1]$,$\boldsymbol{X}_1$ 的均值矩阵 $\boldsymbol{\mu}_1=[0, 0]$,标准差矩阵为 $\boldsymbol{\sigma}_1=[1, 1]$。由于变量间相互独立,故相关系数矩阵 $\boldsymbol{\rho}_1$ 为 2×2 的全零矩阵。

代入式(4-1)和式(4-2),可以得到利用 Rosenblueth 方法取得的 4 个在标准空间的计算点 $\boldsymbol{y}_1$ 和权重 $\boldsymbol{P}_1$,然后使用式(4-6)—式(4-8),将标准空间中的计算点集 $\boldsymbol{y}_1$ 转化为原空间中的计算点集 $\boldsymbol{y}$,计算点集 $\boldsymbol{y}$ 和相应的权重值 $\boldsymbol{P}$ 如表 4-11 所示。

表 4-11　计算点集 y 和权重值 P 汇总

计算点数	坐标	权重
点 1	$(6.42\times10^3, 17.93)$	0.25
点 2	$(6.42\times10^3, 12.07)$	0.25
点 3	$(3.57\times10^3, 17.93)$	0.25
点 4	$(3.57\times10^3, 12.07)$	0.25

在得到计算点集和权重值集合后,将计算点代入 FLAC[3D],可以计算得到边坡的功能函数,功能函数的表达式参考式(3-22)。假设功能函数服从正态分布,并通过式(4-3)和式(4-4)得到功能函数均值 $\mu=0.168\,0$,标准差 $\sigma=0.197\,7$。使用式(1-28)和式(1-30),可以得到系统的二阶可靠度 $\beta_{2M}=0.850$,系统的二阶失效概率 $p_{f\_2M}=0.198$。若使用三阶矩 Rosenblueth 方法,通过式(4-14)—式(4-19),可以得到功能函数的偏度

$\alpha_{3G} = 0.1034$，系统的三阶可靠度 $\beta_{3M} = 0.845$，系统的三阶失效概率 $p_{f\_3M} = 0.199$。

使用 Rosenblueth 点估计法求解例 4.5 的 MATLAB 代码可使用代码 4.4 和代码 4.9，但代码 4.9 的第 4～6 行应当替换为代码 4.11。

代码 4.11 例 4.5 中对代码 4.9 进行替换的代码

```
1  lim=1;
2  xmean=[5e3 15];
3  covx=[0.3 0.2];
```

本案例中计算系统二阶可靠度和失效概率的代码参考代码 4.9，其第 27～29 行为使用 MATLAB 进行并行计算的代码，在第 28 行中使用了自定义的 MATLAB 函数 CallFLAC_par.m，相关代码与例 3.5 保持一致。

（2）Harr 方法

同本案例 Rosenblueth 方法一样，Harr 方法也需要先在标准空间取计算点集 y_1，然后使用坐标转换函数 getx_log.m 对计算点集进行坐标转换，得到原空间中的计算点集 y 和相对应的权重集 P 如表 4-12 所示。

表 4-12　计算点集 y 和权重值 P 汇总

计算点数	坐标	权重
点 1	$(7.25 \times 10^3, 14.71)$	0.25
点 2	$(4.79 \times 10^3, 19.46)$	0.25
点 3	$(3.16 \times 10^3, 14.71)$	0.25
点 4	$(4.79 \times 10^3, 11.12)$	0.25

在得到计算点集和权重值集合后，将计算点代入 FLAC^{3D}，可以计算得到浅基础的功能函数，功能函数的表达式参考式（3-22）。在计算得到边坡的功能函数后，假设功能函数服从正态分布，并通过式（4-13）得到功能函数均值 $\mu = 0.168$，标准差 $\sigma = 0.198$。使用式（1-28）和式（1-30），可以得到系统的二阶矩可靠度 $\beta_{2M} = 0.852$，系统的二阶失效概率 $p_{f\_2M} = 0.197$。若使用三阶矩 Harr 方法，通过式（4-14）—式（4-19），可以得到功能函数的偏度 $\alpha_{3G} = -8.72 \times 10^{-4}$，系统的三阶可靠度 $\beta_{3M} = 0.852$，系统的三阶失效概率 $p_{f\_3M} = 0.197$。本算例中二阶矩和三阶矩的两种方法算出的系统可靠度相差很小。

使用 Harr 点估计法求解例 4.5 的 MATLAB 代码，可参考代码 4.10 和代码 4.6，但代码 4.10 的第 4～6 行应当替换为代码 4.11。本案例计算系统二阶可靠度和失效概率的代码参考代码 4.10。其中的 MATLAB 函数 CallFLAC_par.m，相关代码与例 3.5 保持一致。

4.5.3 盾构隧道收敛变形问题

扫描二维码获
取本算例代码

【例 4.6】 在例 3.6 的基础上,利用点估计法对盾构隧道收敛问题进行可靠度分析求解。

解:(1) Rosenblueth 方法

变量 E 和 K_0 均为对数正态分布,则应在标准空间取正态分布的随机变量集 $\boldsymbol{X}_1 = [E_1, K_{0\_1}]$,$\boldsymbol{X}_1$ 的均值矩阵 $\boldsymbol{\mu}_1 = [0, 0]$,标准差矩阵为 $\boldsymbol{\sigma}_1 = [1, 1]$。由于变量间相互独立,故相关系数矩阵 $\boldsymbol{\rho}_1$ 为 2×2 的全零矩阵。

代入式(4-1)和式(4-2),可以得到利用 Rosenblueth 方法取得的 4 个在标准空间的计算点 $\boldsymbol{y}_1$ 和权重 $\boldsymbol{P}$,然后使用式(4-5)—式(4-7),将标准空间中的计算点集 $\boldsymbol{y}_1$ 转化为原空间中的计算点集 $\boldsymbol{y}$,计算点集 $\boldsymbol{y}$ 和相应的权重值 $\boldsymbol{P}$ 如表 4-13 所示。

表 4-13　计算点集 y 和权重值 P 汇总

计算点数	坐标	权重
点 1	$(1.28\times10^7, 0.688\ 8)$	0.25
点 2	$(1.28\times10^7, 0.511\ 1)$	0.25
点 3	$(7.14\times10^6, 0.688\ 8)$	0.25
点 4	$(7.14\times10^6, 0.511\ 1)$	0.25

在得到计算点集和权重值集合后,将计算点代入 FLAC^{3D},可以计算得到隧道的功能函数,功能函数的表达式参考式(3-23)。假设功能函数服从正态分布,并通过式(4-3)和式(4-4)得到功能函数均值 $\mu = 0.001\ 3$,标准差 $\sigma = 0.002\ 4$。使用式(1-28)和式(1-30),可以得到系统的二阶可靠度 $\beta_{2M} = 0.542$,系统二阶失效概率 $p_{f\_2M} = 0.294$。若使用三阶矩 Rosenblueth 方法,通过式(4-14)—式(4-19),可以得到功能函数的偏度 $\alpha_{3G} = 0.113$,系统的三阶可靠度 $\beta_{3M} = 0.528$,系统三阶失效概率 $p_{f\_3M} = 0.299$。

使用 Rosenblueth 点估计法求解例 4.6 的 MATLAB 代码可参考代码 4.9 和代码 4.4,但代码 4.9 的第 4～6 行应当替换为代码 4.12。

代码 4.12　例 4.6 中对代码 4.9 进行替换的代码

```
1  lim=0.004*6.2;
2  xmean=[10e6 0.6];
3  covx=[0.3 0.15];
```

本案例中计算系统二阶可靠度和失效概率的代码参考代码 4.9,其第 27～29 行为使用 MATLAB 进行并行计算的代码,在第 28 行中使用了自定义的 MATLAB 函数 CallFLAC_par.m(代码 2.17),相关代码与例 3.6 保持一致。当采用 4.2.3 节中介绍的三阶可靠度时,可将代码 4.9 中的第 30～37 行替换为代码 4.4。

（2）Harr 方法

同本案例 Rosenblueth 方法一样，Harr 方法也需要先在标准空间取计算点集 y_1，然后使用坐标转换函数 getx_log. m 对计算点集进行坐标转换，得到原空间中的计算点集 y 和相对应的权重集 P 如表 4-14 所示。

表 4-14 计算点集 y 和权重值 P 汇总

计算点数	坐标	权重
点 1	$(1.45 \times 10^7, 0.593\ 4)$	0.25
点 2	$(9.58 \times 10^6, 0.732\ 7)$	0.25
点 3	$(6.32 \times 10^6, 0.593\ 4)$	0.25
点 4	$(9.58 \times 10^6, 0.480\ 5)$	0.25

在得到计算点集和权重值集合后，将计算点代入 FLAC³ᴰ，可以计算得到隧道的功能函数，功能函数的表达式参考式(3-23)。假设功能函数服从正态分布，并通过式(4-13)得到功能函数均值 $\mu = 0.001\ 3$，标准差 $\sigma = 0.002\ 5$。使用式(1-28)和式(1-30)，可以得到系统二阶可靠度 $\beta_{2M} = 0.536\ 3$，系统二阶失效概率 $p_{f\_2M} = 0.295\ 9$。若使用三阶矩 Harr 方法，通过式(4-14)—式(4-19)，可以得到功能函数的偏度 $\alpha_{3G} = 0.148\ 0$，系统的三阶可靠度 $\beta_{3M} = 0.518\ 9$，系统三阶失效概率 $p_{f\_3M} = 0.301\ 9$。

使用 Harr 点估计法求解例 4.6 的 MATLAB 代码可参考代码 4.10 和代码 4.6，但代码 4.10 的第 4～6 行应当替换为代码 4.12。本案例中计算系统二阶可靠度和失效概率的代码参考代码 4.10，在第 29 行和第 30 行中使用了自定义的 MATLAB 函数 CallFLAC_par. m(代码 2.17)。在函数 CallFLAC_par. m 中，首先通过 MATLAB 函数 getx_log. m(参考代码 2.10)将计算点映射至原空间，然后将计算点代入 FLAC³ᴰ 中进行计算，得到浅基础的安全系数和功能函数(FLAC³ᴰ 运行的代码参考代码 3.14、代码 3.15、代码 3.16 合并的文件 tunnel. f3dat)。若采用 4.2.3 节中介绍的三阶可靠度，可将代码 4.10 中的第 32～40 行替换为代码 4.6。

4.6 小结

本章介绍了使用功能函数前两阶矩的 Rosenblueth 点估计法、Harr 点估计法，以及 Zhao 和 Ono 点估计法。点估计法在边坡或大坝的稳定性分析（如 Christian 和 Baecher[7]；Wang 和 Huang[8]；Chen 等[9]；Ahmadabadi 和 Poisel[10]）、基础设计的可靠度分析（Wang 等[11]）等问题中获得了广泛的应用。Juang 等[12] 将点估计法应用到岩土工程鲁棒性设计中。Winkelmann 等[13] 在使用有限元计算公路桥桩基的沉降概率分析时，综合使用点估计法和响应面法进行桩基的可靠度评估。Chew 等[14] 对比使用了点估计法和蒙特卡罗法，分析计算了土体变异性对浅基础承载力的影响。Langford 等[15] 综合使用点估计法、一阶可靠度方法、蒙特卡罗法和有限单元法，提出了复合隧道衬砌性能评估新方法。

参考文献

［1］ Rosenblueth E. Point estimates for probability moments[J]. Proceedings of the National Academy of Sciences of the United States of America，1975(72)：3812-3814.

［2］ Harr M E. Probabilistic estimates for multivariate analyses[J]. Applied Mathematical Modelling，1989，13：313-318.

［3］ Zhao Y G，Ono T. New Point Estimates for Probability Moments[J]. Journal of Engineering Mechanics，2000，126：433-436.

［4］ Zhao Y G，Ono T. Moment methods for structural reliability[J]. Structural Safety，2001，23：47-75.

［5］ Zhao Y G，Ang A H-S. System Reliability Assessment by Method of Moments[J]. Journal of Structural Engineering，2003，129：1341-1349.

［6］ Zhang J，Wang H. Discussion on "Assessment of the application of point estimate methods in the probabilistic stability analysis of slopes" by A. Morteza and P. Rainer [Compute. Geotech. 69 (2015) 540-550][J]. Computers and Geotechnics，2016，100：257-259.

［7］ Christian J T，Baecher G B. Point-estimate method as numerical quadrature[J]. Journal of Geotechnical and Geoenvironmental Engineering，1999，125(9)：779.

［8］ Wang J P，Huang D. RosenPoint：A Microsoft Excel-based program for the Rosenblueth point estimate method and an application in slope stability analysis[J]. Computers and geosciences，2012，48：239-243.

［9］ Chen Z，Du J，Yan J，et al. Point estimation method：Validation，efficiency improvement，and application to embankment slope stability reliability analysis[J]. Engineering Geology，2019，263：105232.

［10］ Ahmadabadi M，Poisel R. Assessment of the application of point estimate methods in the probabilistic stability analysis of slopes[J]. Computers and Geotechnics，2015，69：540-550.

［11］ Wang L，Smith N，Khoshnevisan S，et al. Reliability-based geotechnical design of geothermal foundations[M]//Geotechnical Frontiers 2017. Reston：ASCE，2017：124-132.

［12］ Juang C H，Wang L，Atamturktu S，et al. Reliability-based robust and optimal design of shallow foundations in cohesionless soil in the face of uncertainty[J]. Journal of GeoEngineering，2012，7(3)：75-87.

［13］ Winkelmann K，Żyliński K，Górski J. Probabilistic analysis of settlements under a pile foundation of a road bridge pylon[J]. Soils and Foundations，2021，61(1)：80-94.

［14］ Chew Y M，Ng K S，Ng S F. The effect of soil variability on the ultimate bearing capacity of shallow foundation[C]//Journal of Engineering Science and Technology. Special Issue on ACEE 2015 Conference，2015：1-13.

［15］ Langford J C，Diederichs M S. Reliability based approach to tunnel lining design using a modified point estimate method[J]. International Journal of Rock Mechanics and Mining Sciences，2013，60：263-276.

第 5 章

验 算 点 法

5.1 引言

一次二阶矩法可分为中心点法和设计验算点法。第 3 章已对在随机变量均值点处对功能函数进行线性展开的中心点法作了详细介绍。对非线性极限状态函数,在均值处进行线性展开可能会导致较大的计算误差。与中心点法不同,验算点法在极限状态曲面上的最可能失效点处对功能函数进行线性展开,具有更高的精度。对于大多数岩土及地质工程可靠度问题,验算点法具有计算效率高、计算精度高的特点。本章将对验算点法进行介绍。

5.2 验算点法基本原理

设结构中 n 个基本变量 $\boldsymbol{x} = \{x_1, x_2, \cdots, x_n\}$ 是互为独立的正态随机变量,其均值为 $\boldsymbol{\mu}_x = (\mu_{x1}, \mu_{x2}, \cdots, \mu_{xn})^{\mathrm{T}}$,标准差向量为 $\boldsymbol{\sigma}_x = (\sigma_{x1}, \sigma_{x2}, \cdots, \sigma_{xn})^{\mathrm{T}}$,结构的功能函数为

$$Z = g(\boldsymbol{x}) = g(x_1, x_2, \cdots, x_n) \tag{5-1}$$

按下式将随机变量 $x_i(i = 1, 2, \cdots, n)$ 变换为标准正态随机变量 $u_i(i = 1, 2, \cdots, n)$:

$$u_i = \frac{x_i - \mu_{x_i}}{\sigma_{x_i}} \quad (i = 1, 2, \cdots, n) \tag{5-2}$$

则功能函数可表示为

$$Z = g(\boldsymbol{u}) = g(u_1, u_2, \cdots, u_n) \tag{5-3}$$

将功能函数在通过极限状态超曲面 $Z = 0$ 上的验算点处 $\boldsymbol{u}^*$ 处展开有:

$$Z = Z^* = G(u_1^*, u_2^*, \cdots, u_n^*) + \sum_{i=1}^{n} \frac{\partial G(\boldsymbol{u}^*)}{\partial u_i}(u_i - u_i^*) \tag{5-4}$$

从而可得到功能函数 Z 的平均值和标准差为

$$\mu_z = \dot{G}(u_1^*, u_2^*, \cdots, u_n^*) - \sum_{i=1}^{n} \frac{\partial G(\boldsymbol{u}^*)}{\partial u_i} u_i^* \qquad (5-5)$$

$$\sigma_z = \sqrt{\sum_{i=1}^{n} \left[\frac{\partial G(\boldsymbol{u}^*)}{\partial u_i} \right]^2} \qquad (5-6)$$

因此可靠度指标可表示为

$$\beta = \frac{\mu_z}{\sigma_z} = \frac{G(u_1^*, u_2^*, \cdots, u_n^*) - \sum_{i=1}^{n} \frac{\partial G(\boldsymbol{u}^*)}{\partial u_i} u_i^*}{\sqrt{\sum_{i=1}^{n} \left[\frac{\partial G(\boldsymbol{u}^*)}{\partial u_i} \right]^2}} \qquad (5-7)$$

线性化的功能函数式(5-4)可变形为

$$G(u_1^*, u_2^*, \cdots, u_n^*) + \sum_{i=1}^{n} \frac{\partial G(\boldsymbol{u}^*)}{\partial u_i} u_i - \sum_{i=1}^{n} \frac{\partial G(\boldsymbol{u}^*)}{\partial u_i} u_i^* = 0 \qquad (5-8)$$

两边同除以 $-\sqrt{\sum_{i=1}^{n} \left[\frac{\partial G(\boldsymbol{u}^*)}{\partial u_i} \right]^2}$ 可得：

$$\sum \frac{-\frac{\partial G(\boldsymbol{u}^*)}{\partial u_i} u_i}{\sqrt{\sum_{i=1}^{n} \left[\frac{\partial G(\boldsymbol{u}^*)}{\partial u_i} \right]^2}} - \frac{G(u_1^*, u_2^*, \cdots, u_n^*) - \sum_{i=1}^{n} \frac{\partial G(\boldsymbol{u}^*)}{\partial u_i} u_i'}{\sqrt{\sum_{i=1}^{n} \left(\frac{\partial G(\boldsymbol{u}^*)}{\partial u_i} \right)^2}} = 0 \qquad (5-9)$$

将式(5-7)和式(5-9)比较,显然方程的常数项即为可靠度指标 β,从而有

$$\sum \frac{-\frac{\partial G(\boldsymbol{u}^*)}{\partial u_i} u_i}{\sqrt{\sum_{i=1}^{n} \left[\frac{\partial G(\boldsymbol{u}^*)}{\partial u_i} \right]^2}} - \beta = 0 \qquad (5-10)$$

定义灵敏度系数为

$$\alpha_{u_i} = \frac{-\frac{\partial G(\boldsymbol{u}^*)}{\partial u_i}}{\sqrt{\sum_{i=1}^{n} \left[\frac{\partial G(\boldsymbol{u}^*)}{\partial u_i} \right]^2}} \quad (i = 1, 2, \cdots, n) \qquad (5-11)$$

则有方程：

$$\sum_{i=1}^{n} \alpha_{u_i} u_i - \beta = 0 \qquad (5-12)$$

在原 $\boldsymbol{x}$ 空间中的 x^* 对应标准正态随机变量 $\boldsymbol{u}$ 空间中的点 u^*,称为验算点。验算点

是极限状态曲面上概率密度最大的点,因此验算点是该可靠度分析问题的最可能失效点。由解析几何可知,式(5-12)所表达的是在 $\boldsymbol{u}$ 空间内极限状态面上点 u^* 处线性近似平面。以二维随机变量空间为例,如图 5-1 所示,式(5-12)表示 u^* 的极限状态面。可证明从原点 O 作极限状态面的法线,刚好通过 u^* 点。法线方向余弦为 $\cos\theta_{u_i}$,则 $\cos\theta_{u_i} = \alpha_{U_i}$。通过可靠度指标 β 是坐标原点到该平面的最短距离,这就是 β 的几何意义。因此,可靠度指标 β 就是标准正态空间原点到极限状态面的最短距离(Low 和 Tang[1];张璐璐等[2])(图 5-1),即:

$$\beta = \min\left(\sqrt{\boldsymbol{u}^{*\mathrm{T}}\boldsymbol{u}^*}\right) \tag{5-13}$$

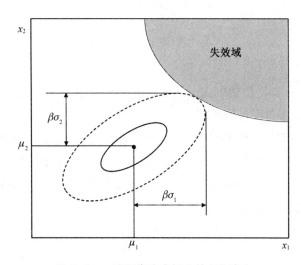

图 5-1　一阶可靠度求解 β 的几何意义

验算点在 $\boldsymbol{u}$ 空间中的坐标为

$$u_i^* = \beta\cos\theta_{u_i} = \beta\alpha_{x_i} \tag{5-14}$$

则在原始 $\boldsymbol{x}$ 空间中的坐标为

$$x_i^* = \mu_{x_i} + \beta\alpha_{u_i}\sigma_{x_i} \tag{5-15}$$

用迭代的方法可求解 β 和 $\boldsymbol{x}^*$,其步骤如下:

(1) 假定初始验算点 x^*,一般可设 $\boldsymbol{x}^* = \boldsymbol{\mu}_x$,其中 $\boldsymbol{\mu}_x$ 为 $\boldsymbol{x}$ 的均值向量。

(2) 利用式(5-11)计算灵敏度系数 α_{u_i}。

(3) 利用式(5-7)计算 β。

(4) 利用式(5-15)计算新的 x^*。

(5) 以新的 x^* 重复步骤(2)至步骤(4),直至前后两次 $\| x^* \|$ 之差小于允许误差 ε。

以上为独立正态分布随机变量的设计验算点法计算流程。对于非正态变量,Rackwitz 和 Fiessler[3]提出当量正态化的方法,具体方法是非正态变量 $\boldsymbol{x}$ 在验算点处根据分布函数与概率密度函数相等的原则等价变换为当量正态变量 $\boldsymbol{u}$,并确定 $\boldsymbol{u}$ 的平均值和标准差,Low 和 Tang[4]归纳了各种分布的转化公式。对于绝大多数岩土体,若其参数变量 $\boldsymbol{x} = \{x_1, x_2, \cdots x_n\}$ 常服从相互独立的对数正态分布,其均值为 $\boldsymbol{\mu}_x = [\mu_{x1}, \mu_{x2}, \cdots, \mu_{xn}]^T$,标准差向量为 $\boldsymbol{\sigma}_x = [\sigma_{x1}, \sigma_{x2}, \cdots, \sigma_{xn}]^T$,则当量转换成标准正态空间变量 $\boldsymbol{u} = \{u_1, u_2, \cdots u_n\}$ 的关系式为

$$\begin{cases} x_i = \exp(\lambda_{xi} + \xi_{xi} u_i) \\ u_i = (\ln x_i - \lambda_{xi})/\xi_{xi} \end{cases} \tag{5-16}$$

式中,λ,ξ 分别为 $\ln \boldsymbol{x}$ 的均值和标准差,并且满足下式:

$$\lambda_{xi} = \ln \mu_{xi} - 0.5\xi_{xi}^2 \tag{5-17}$$

$$\xi_{xi} = \sqrt{\ln(1 + \delta_{xi}^2)} \tag{5-18}$$

式中,δ_{xi} 为 x_i 的变异系数。

对于服从其他分布类型的变量 $\boldsymbol{x}$ 的标准化公式,感兴趣的读者可以参考 Low 和 Tang[4]给出的方法,这里不再赘述。

对于相关随机变量的设计验算点法,首先可采用 JC 当量正态法将其转化为相关正态随机变量,再利用正交线性变换将相关正态随机变量变为独立正态随机变量,再用前述验算点法计算可靠度,称为正交变换法。为简便起见,以下先介绍对于相关正态随机变量,如何利用正交变换法转化为独立正态随机变量。

设功能函数为式(5-1),基本随机向量 $\boldsymbol{X} = [x_1, x_2, \cdots, x_n]^T$ 的分量为相关正态分布随机变量,其协方差矩阵为 $\boldsymbol{C}_x = [C_{x_i x_j}]_{n \times n}$,其中非对角线为变量的协方差,对角元素为方差 $\sigma_{x_i}^2$。$\boldsymbol{C}_x$ 为 n 阶实对称正定方阵,存在 n 个实特征值和 n 个线性无关且正交的特征向量。设矩阵 $\boldsymbol{A}$ 的各列为 $\boldsymbol{C}_x$ 的正则化特征向量组成,变换 $\boldsymbol{A}^T\boldsymbol{A}$ 可将 $\boldsymbol{C}_x$ 化成对角矩阵,对角元素为 $\boldsymbol{C}_x$ 的特征值。

作正交变换可将向量 $\boldsymbol{X}$ 变成线性无关的向量 $\boldsymbol{Y} = [Y_1, Y_2, \cdots, Y_n]^T$

$$\boldsymbol{X} = \boldsymbol{A}\boldsymbol{Y} \tag{5-19}$$

因 $\boldsymbol{A}^{-1} = \boldsymbol{A}^T$,式(5-19)又可写成

$$\boldsymbol{Y} = \boldsymbol{A}^T\boldsymbol{X} \tag{5-20}$$

根据式(5-20),$\boldsymbol{Y}$ 的均值和方差可表示为

$$\mu_Y = \boldsymbol{A}^T\mu_X \tag{5-21}$$

$$\boldsymbol{D}_Y = \boldsymbol{A}^T\boldsymbol{C}_X\boldsymbol{A} \tag{5-22}$$

线性无关的向量 $\boldsymbol{Y}$ 的协方差矩阵可表示为对角矩阵 $\boldsymbol{D}_Y = \mathrm{diag}[\sigma_{Y_i}^2]_{n \times n}$。由式(5-22)可见,$\sigma_{Y_i}^2(i = 1, 2, \cdots, n)$ 即为 $\boldsymbol{C}_X$ 的特征值。

正态随机变量的线性组合仍为正态随机变量,正态随机变量不相关与独立等价,故 Y 为独立正态随机变量。

将式(5-19)代入式(5-1),得到以独立正态随机变量 Y 表达的功能函数为

$$Z = g(X) = g(AY) = g'(Y) \qquad (5-23)$$

根据式(5-23),就可利用前述验算点法计算可靠度。在利用验算点法计算式(5-7)和式(5-11)时需要用到导数 $\left(\dfrac{\partial g'}{\partial Y_i} \right)_{y^*}$,为此,对式(5-23)求导,得到:

$$\nabla g'(Y^*) = A^T \nabla g(x^*) \qquad (5-24)$$

对于一般的相关非正态随机变量,首先采用当量正态化过程,再使用正交变换法将其转换成相关正态变量即可求解可靠度。多数情况下,非正态随机变量的正态化对变量间的相关性影响不大。将 x_i 当量正态化为 x_i' 后,相关系数为

$$\rho_{x_i' x_j'} = \rho_{x_i x_j} \qquad (5-25)$$

协方差矩阵为

$$Cov(X_i', \ X_j') = \rho_{x_i' x_j'} \sigma_{x_i'} \sigma_{x_j'} \approx \rho_{x_i x_j} \sigma_{x_i'} \sigma_{x_j'} \qquad (5-26)$$

因此,对相关非正态随机变量的情况,具体计算步骤如下:

(1) 假定初始验算点 x^*,一般可设 $x^* = \mu_x$。

(2) 运用当量正态化计算 $\mu_{x'}$ 和 $\sigma_{x'}$,利用式(5-26)计算 $C_{x'}$。

(3) 通过解 $C_{x'}$ 特征值问题,求 σ_Y 和 A。

(4) 利用式(5-21),将式中 X 改为 X',计算 μ_Y。

(5) 利用式(5-20)计算 y^*。

(6) 利用式(5-11)计算 $\cos \theta_{Y_i}$,将式中的 X 改为 Y,g 改为 g'。其中,$\left(\dfrac{\partial g'}{\partial Y_i} \right)_{y^*}$ 用式(5-24)计算。

(7) 用式(5-7)计算可靠度指标 β,将式中的 X 改为 Y,g 改为 g'。其中,$\left(\dfrac{\partial g'}{\partial Y_i} \right)_{y^*}$ 用式(5-24)计算。

(8) 用式(5-15)计算新的 y^*,将式中的 X 改为 Y。

(9) 利用式(5-19)计算新的 x^*。

(10) 以新的 x^* 重复步骤(2)至步骤(9),直至前后两次 $\| x^* \|$ 之差小于允许误差 ε。

由于上述方法需要反复计算矩阵的特征值,一般需要编程计算。

5.3　有显式功能函数的可靠度问题

5.3.1　非线性功能函数算例

【例 5.1】　运用设计验算点法来迭代求解代码 3.1 中的非线性功能函数算例。

扫描二维码获取本算例代码

解：在本算例中，x_1 和 x_2 为相关正态分布随机变量，因此应先用正态变换法将相关正态随机变量变为独立正态随机变量。

本问题的功能函数可表示为

$$g(\boldsymbol{x}) = \exp(x_1 + 6) - x_2$$

记基本随机变量 $\boldsymbol{x} = [x_1, x_2]^{\mathrm{T}}$，则 $\boldsymbol{x}$ 的均值向量可表示为

$$\boldsymbol{\mu}_x = \begin{bmatrix} \mu_1 \\ \mu_2 \end{bmatrix} = \begin{bmatrix} 1.0 \\ 2.0 \end{bmatrix}$$

$\boldsymbol{x}$ 的标准差向量可表示为

$$\boldsymbol{\sigma}_x = \begin{bmatrix} \sigma_1 \\ \sigma_2 \end{bmatrix} = \begin{bmatrix} 2.0 \\ 2.0 \end{bmatrix}$$

由于 x_1 和 x_2 的相关系数 $\rho = -0.5$，其相关系数矩阵可表示为

$$\boldsymbol{R}_x = \begin{bmatrix} 1 & \rho \\ \rho & 1 \end{bmatrix} = \begin{bmatrix} 1.0 & -0.5 \\ -0.5 & 1.0 \end{bmatrix}$$

$\boldsymbol{x}$ 的协方差矩阵为

$$\boldsymbol{C}_x = \boldsymbol{\sigma}_x \boldsymbol{\sigma}_x^{\mathrm{T}} \odot \boldsymbol{R}_x = \begin{bmatrix} 4.0 & -2.0 \\ -2.0 & 4.0 \end{bmatrix}$$

解得其特征值为 2 和 6。

由协方差矩阵的正则化特征向量得矩阵 $\boldsymbol{A}$ 为

$$\boldsymbol{A} = \begin{bmatrix} -0.707\,1 & -0.707\,1 \\ -0.707\,1 & 0.707\,1 \end{bmatrix}$$

则 $\boldsymbol{A}$ 的转置矩阵为

$$\boldsymbol{A}^{\mathrm{T}} = \begin{bmatrix} -0.707\,1 & -0.707\,1 \\ -0.707\,1 & 0.707\,1 \end{bmatrix}$$

由式(5-21)得 $\boldsymbol{Y}$ 的均值向量为

$$\boldsymbol{\mu}_Y = \boldsymbol{A}^{\mathrm{T}} \boldsymbol{\mu}_X = \begin{bmatrix} -2.121\,23 \\ 0.707\,1 \end{bmatrix}$$

由协方差矩阵的特征值可得 $\boldsymbol{Y}$ 的标准差向量为

$$\boldsymbol{\sigma}_Y = \begin{bmatrix} 1.414\,2 \\ 2.449\,5 \end{bmatrix}$$

由式(5-24)得

$$\nabla g'(y^*) = \boldsymbol{A}^{\mathrm{T}} \nabla g(x^*) = \begin{bmatrix} -0.707\,1 & -0.707\,1 \\ -0.707\,1 & 0.707\,1 \end{bmatrix} \begin{bmatrix} e^{x_1+6} \\ -1 \end{bmatrix}$$

至此,我们已经用正交变换法完成了原相关正态随机变量 $\boldsymbol{X}$ 到独立正态随机变量 $\boldsymbol{Y}$ 的转化。采用 MATLAB 程序计算矩阵特征值和特征向量,下面给出正交变换法的 MATLAB 程序。

代码 **5.1** 运用正交变换法将相关正态随机变量转化为独立正态随机变量

```
1  clear
2  mux=[1,2];
3  sigmax=[2,2];
4  rhox=[1 -0.5; -0.5 1];
5  cvarx=diag(sigmax)*rhox*diag(sigmax);
6  [a,d]=eig(cvarx);
7  muy=a'*mux;
8  sigmay=sqrt(diag(d));
```

下面用设计验算点迭代方法计算可靠度指标和失效概率。运用代码 5.2 设计验算点法迭代求解例 3.1。

代码 **5.2** 运用设计验算点法迭代求解

```
1  % 设置初始值
2  x=mux;
3  y=a'*x;
4  normx=eps;
5  i=0;
6  % 迭代开始
7  while  abs(norm(x)- normx)/normx>1e-6
8      i=i+1;
9      normx=norm(x);
10     g=exp(x(1)+6)-x(2);
11     dgdx=[exp(x(1)+6);-1];
```

```
12  dgdy=a'*dgdx;
13  alphay=- dgdy.*sigmay/norm(dgdy.*sigmay);
14  beta=(g+ dgdy'*(muy- y))/norm(dgdy.*sigmay)
15  betal(i)=beta;
16  y=muy+beta*sigmay.*alphay;
17  x=a*y;
18  z(:,i)=x;
19  display(['迭代第 ',num2str(i),'次:','beta=',num2str(beta)])
20  end
21  pf=normcdf(-beta,0,1);
```

运行以上代码,采用正交变换法迭代计算,结果如表 5-1 所示。

表 5-1 正交变换法迭代计算结果

迭代步骤	变量	x_i^*	y_i^*	$\left(\dfrac{\partial g}{\partial X_i}\right)_{x^*}$	$\left(\dfrac{\partial g}{\partial Y_i}\right)_{y^*}$	β	新 x_i^*	新 y_i^*
1	x_1	0.002 3	−1.769 0	1 096.633 1	−774.729 6		−0.990 3	−1.420 2
	x_2	2.499 5	1.765 8	−1	−776.143 8	0.995 1	2.998 8	2.820 7
2	x_1	−0.990 3	−1.420 2	404.349 4	−285.211 0		−1.967 0	−1.082 8
	x_2	2.998 8	2.820 7	−1	−286.625 2	1.483 5	3.498 2	3.864 5
3	x_1	−1.966 9	−1.082 8	149.859 1	−105.259 3		−2.896 1	−0.780 1
	x_2	3.498 2	3.864 5	−1	−106.673 5	1.948 2	3.999 4	4.875 8
4	x_1	−2.896 1	−0.780 1	56.432 2	−39.196 4		−3.694 1	−0.571 0
	x_2	3.999 4	4.875 8	−1	−40.610 6	2.348 7	4.501 6	5.795 2
5	x_1	−3.694 1	−0.571 0	22.284 9	−15.050 7		−4.198 8	−0.545 0
	x_2	4.501 6	5.795 2	−1	−16.464 9	2.608 1	4.969 6	6.483 0
6	x_1	−4.198 8	−0.545 0	10.033 3	−6.387 5		−4.328 1	−0.668 5
	x_2	4.969 6	6.483 0	−1	−7.801 7	2.687 2	5.273 5	6.789 4
7	x_1	−4.328 1	−0.668 5	6.057 0	−3.575 8		−4.323 3	−0.724 1
	x_2	5.273 5	6.789 4	−1	−4.990 1	2.691 0	5.347 4	6.838 3
8	x_1	−4.323 3	−0.724 1	5.322 1	−3.056 1		−4.323 9	−0.721 9
	x_2	5.347 4	6.838 3	−1	−4.470 3	2.691 0	5.344 7	6.836 8
9	x_1	−4.323 9	−0.721 9	5.347 5	−3.074 1		−4.323 8	−0.722 1
	x_2	5.344 7	6.836 8	−1	−4.488 4	2.691 0	5.345 1	6.836 9
10	x_1	−4.323 8	−0.722 1	5.344 7	−3.072 2		−4.323 8	−0.722 0
	x_2	5.345 1	6.836 9	−1	−4.486 4	2.691 0	5.345 0	6.836 9
11	x_1	−4.323 8	−0.722 0	5.345 1	−3.072 4		−4.323 8	−0.722 1
	x_2	5.345 0	6.836 9	−1	−4.486 6	2.691 0	5.345 0	6.836 9
12	x_1	−4.323 8	−0.722 1	5.345 0	−3.072 4		−4.323 8	−0.722 1
	x_2	5.345 0	6.836 9	−1	−4.486 6	2.691 0	5.345 0	6.836 9

得到可靠度指标为 $\beta = 2.6910$，由式(1-30)计算得到失效概率为 $p_f = 0.36\%$；验算点坐标为 $(x_1, x_2) = (-4.3238, 5.3450)$。

5.3.2 条形基础问题

【例 5.2】 运用设计验算点法来求解例 3.2 中的条形基础可靠度问题。

解： 本算例中，根据题意随机变量为 $\boldsymbol{x} = [c, \varphi, q]$，功能函数可以写作如下表达式：

扫描二维码获取本算例代码

$$g(\boldsymbol{x}) = q_u - q \tag{5-27}$$

由于变量 $\boldsymbol{x} = [c, \varphi, q]$ 均服从对数正态分布，故需用式(5-16)、式(5-17)将其转化为当量正态变量，它们的对数正态分布的参数可在 MATLAB 中用以下代码计算：

代码 5.3 在 MATLAB 中将对数正态分布变量当量转化为正态分布变量
```
1  mux =[15;20;200];
2  sigmax =[5;2;30];
3  sLnx1=sqrt(log(1+(sigmax(1)/mux(1))^2));
4  mLnx1=log(mux(1))-0.5*sLnx1^2;
5  sLnx2=sqrt(log(1+(sigmax(2)/mux(2))^2));
6  mLnx2=log(mux(2))-0.5*sLnx2^2;
7  sLnx3=sqrt(log(1+(sigmax(3)/mux(3))^2));
8  mLnx3=log(mux(3))-0.5*sLnx3^2;
```

功能函数对各变量求偏导可在 MATLAB 中用以下代码实现。

代码 5.4 在 MATLAB 中求功能函数的偏导数
```
1   N_q=(tan(pi/4+0.5*x(2)*pi/180))^2*exp(pi*tan(x(2)...
2    * pi/180));
3   N_gamma=1.8*(N_q-1)*tan(x(2)*pi/180);
4   N_c=(N_q-1)*cot(x(2)*pi/180);
5   g=0.5*gamma*B*N_gamma+x(1)*N_c+gamma*D_f*N_q-x(3);
6   dN_gamma=1.8*((pi^2*exp(pi*tan((pi*x(2))/180))...
7    * tan(pi/4 + (pi* x(2))/360)^2* (tan((pi* x(2))/180)^2...
8    + 1))/180 + (pi* exp(pi* tan((pi* x(2))/180))* tan(pi/4...
9    + (pi* x(2))/360)* (tan(pi/4+ (pi* x(2))/360)^2+ 1))/180)...
10    * tan(x(2)* pi/180)+ 1.8* (N_q- 1)* ((pi* (tan((pi* x(2))...
11    /180)^2+ 1))/180);
```

```
12  dN_c=((pi^2*exp(pi*tan((pi*x(2))/180))*tan(pi/4...
13  +(pi*x(2))/360)^2*(tan((pi*x(2))/180)^2 +...
14  1))/180+(pi*exp(pi*tan((pi*x(2))/180))*tan(pi/4...
15  +(pi*x(2))/360)*(tan(pi/4+ (pi*x(2))/360)^2+1))/180)...
16  *cot(x(2)*pi/180)+(N_q-1)*(-(pi*(cot((pi*x(2))/180)...
17  ^2+1))/180);
18  dgdx=[N_c;0.5*gamma*B*dN_gamma+x(1)*dN_c;-1];
```

下面采用 JC 当量正态法迭代计算可靠度指标和失效概率。

代码 5.5 运用 JC 当量正态法迭代求解例 3.2

```
1   muy=mux;sigmay=sigmax; % y:equivalent normalized variable
2   x=mux;normx=eps;
3   i=0;
4   B=1.5;gamma=17;D_f=0;
5   while abs(norm(x)-normx)/normx>1e-6
6   i=i+1;
7   normx=norm(x);
8   N_q=(tan(pi/4+0.5*x(2)*pi/180))^2*exp(pi*tan(x(2)...
9   *pi/180));
10  N_gamma=1.8*(N_q-1)*tan(x(2)*pi/180);
11  N_c=(N_q-1)*cot(x(2)*pi/180);
12  g=0.5*gamma*B*N_gamma+x(1)*N_c+gamma*D_f*N_q-x(3);
13  dN_gamma=1.8*((pi^2*exp(pi*tan((pi*x(2))/180))...
14  *tan(pi/4+(pi*x(2))/360)^2*(tan((pi*x(2))/180)^2...
15  + 1))/180+(pi*exp(pi*tan((pi*x(2))/180))*tan(pi/4...
16  +(pi*x(2))/360)*(tan(pi/4+(pi*x(2))/360)^2+1))/180)...
17  *tan(x(2)*pi/180)+1.8*(N_q-1)*((pi*(tan((pi*x(2))...
18  /180)^2+1))/180);
18  dN_c=((pi^2*exp(pi*tan((pi*x(2))/180))*tan(pi/4...
19  +(pi*x(2))/360)^2*(tan((pi*x(2))/180)^2 +  ...
20  1))/180+(pi*exp(pi*tan((pi*x(2))/180))*tan(pi/4...
21  +(pi*x(2))/360)*(tan(pi/4+(pi*x(2))/360)^2+1))/180)...
22  *cot(x(2)*pi/180)+(N_q-1)*(-(pi*(cot((pi*x(2))/180)...
23  ^2+1))/180);
24  dgdx=[N_c;0.5*gamma*B*dN_gamma+x(1)*dN_c;-1];
25  cdfx=[logncdf(x(1),mLnx1,sLnx1);
26  logncdf(x(2),mLnx2,sLnx2);
```

```
27  logncdf(x(3),mLnx3,sLnx3)];
28  pdfx=[lognpdf(x(1),mLnx1,sLnx1);
29  lognpdf(x(2),mLnx2,sLnx2);
30  lognpdf(x(3),mLnx3,sLnx3)];
31  nc=norminv(cdfx);
32  sigmay=normpdf(nc)./pdfx;
33  muy=[x- nc.*sigmay];
34  gs=dgdx.*sigmay;
35  alphax=-gs/norm(gs);
36  beta=(g+dot(dgdx,(muy-x)))/norm(gs);
37  x=muy+beta*sigmay.*alphax;
38  betal(i)=beta;
39  display(['迭代第 ',num2str(i),'次：','beta=',num2str(beta)])
40  end
41  beta=betal(end);
42  pf=normcdf(-beta,0,1)
```

按照以上代码，采用 JC 当量正态法迭代计算，结果如表 5-2 所示。

表 5-2　JC 当量正态法迭代计算结果

迭代步骤	变量	x_i^*	σ_i^*	μ_i^*	$\left(\dfrac{\partial g}{\partial X_i}\right)_{x^*}$	α_x	β	新 x_i^*
1	c	15.000 0	4.868 9	14.209 8	14.834 7	−0.807 2		11.752 1
	φ	20.000 0	1.995 0	19.900 5	21.843 5	−0.487 0		19.292 9
	q	200.000 0	29.833 3	197.774 9	−1.000 0	0.333 4	0.625 3	203.995 0
2	c	11.752 1	3.814 6	14.000 7	14.189 8	−0.767 6		11.871 6
	φ	19.292 9	1.924 5	19.891 4	17.363 3	−0.473 9		19.228 3
	q	203.995 0	30.429 2	197.690 9	−1.000 0	0.431 5	0.727 1	207.238 6
3	c	11.871 6	3.853 4	14.023 0	14.132 7	−0.768 0		11.871 9
	φ	19.228 3	1.918 0	19.889 3	17.344 2	−0.469 1		19.235 2
	q	207.238 6	30.913 0	197.565 0	−1.000 0	0.436 0	0.726 8	207.360 4
4	c	11.871 9	3.853 5	14.023 0	14.138 8	−0.767 9		11.872 3
	φ	19.235 2	1.918 7	19.889 5	17.357 8	−0.469 4		19.234 9
	q	207.360 4	30.931 2	197.559 2	−1.000 0	0.435 9	0.726 8	207.360 0
5	c	11.872 3	3.853 6	14.023 1	14.138 5	−0.767 9		11.872 3
	φ	19.234 9	1.918 7	19.889 5	17.357 5	−0.469 4		19.234 9
	q	207.360 0	30.931 1	197.559 3	−1.000 0	0.435 9	0.726 8	207.360 0

得到可靠度指标 $\beta=0.7268$，由式(1-30)计算得到失效概率 $p_f=23.37\%$；验算点坐标 (c, φ, q) 为(11.872 3，19.234 9，207.360 0)。

5.3.3 无限长边坡问题

【例 5.3】 运用设计验算点法来求解例 3.3 中的无限长边坡可靠度问题。

扫描二维码获取本算例代码

解：在本算例中，随机变量为 $\boldsymbol{x}=\{c, \varphi, m, h, \varepsilon\}$，且各随机变量服从相互独立的正态分布，因此可按照独立正态分布的设计验算点法进行迭代求解。

根据题意，该算例的功能函数为

$$g(\boldsymbol{x})=F_s(\boldsymbol{x})-1=\frac{c+[\gamma(h-h_w)+(\gamma_{sat}-\gamma_w)h_w]\cos^2\delta\tan^2\varphi}{[\gamma(h-h_w)+\gamma_{sat}h_w]\sin\delta\cos\delta}+\varepsilon-1 \tag{5-28}$$

首先，将参数的初始值设置在 MATLAB 程序中：

代码 5.6 在 MATLAB 中设置参数的初始值

```
mux=[10;38;0.5;3;0.02];
sigmax=[2;2;0.05;0.6;0.07];
x=mux; % 初始点
normX=eps; % 相对浮点精度
beta=0;
delta=35*pi/180;
gamma_s=19.8;
gamma=17;
gamma_w=9.8;
```

然后，用以下代码获得功能函数对各变量的偏导数。

代码 5.7 在 MATLAB 中求功能函数的偏导数

```
g=(x(1)+((gamma*(x(4)-x(3)*x(4))+(gamma_s- ...
gamma_w)*x(3)*x(4))*(cos(delta))^2*(tan(x(2)))^2))/...
((gamma*(x(4)-(x(3)*x(4)))+ ...
gamma_s*x(3)*x(4))*sin(delta)*cos(delta))+x(5)-1;
dx1=1/(cos(delta)*sin(delta)*(gamma*(x(4)-x(3)*x(4)) +  ...
gamma_s*x(3)*x(4)));
dx2=(2*cos(delta)*tan(x(2))*(gamma*(x(4)-x(3)*x(4)) ...
```

```
8   +x(3)*x(4)*(gamma_s-gamma_w))*(tan(x(2))^2+...
9   1))/(sin(delta)*(gamma*(x(4) -  x(3)*x(4))+...
10  gamma_s*x(3)*x(4)));
11  dx3=-(gamma_s*x(1)-gamma*x(1)+...
12  gamma_w*gamma*x(4)*cos(delta)^2*tan(x(2))^2)/(x(4)*...
13  cos(delta)*sin(delta)*(gamma+gamma_s*x(3)-gamma*x(3))^2);
14  dx4=-(2*x(1))/(x(4)^2*sin(2*delta)*(gamma+gamma_s*x(3)-...
15  gamma*x(3)));
16  dx5=1;
```

最后,采用设计验算点法迭代计算可靠度指标和失效概率。

代码5.8 利用设计验算点法迭代求解例3.3

```
1   while abs(norm(x)- normX)/normX> 1e-6
2   normX=norm(x);
3   g=(x(1)+((gamma*(x(4)-x(3)*x(4))+(gamma_s-...
4   gamma_w)*x(3)*x(4))*(cos(delta))^2*(tan(x(2)))^2))/...
5   ((gamma*(x(4)- (x(3)*x(4)))+ ...
6   gamma_s*x(3)*x(4))*sin(delta)*cos(delta))+x(5)-1;
7   dx1=1/(cos(delta)*sin(delta)*(gamma*(x(4)-x(3)*x(4))+...
8   gamma_s*x(3)*x(4)));
9   dx2=(2*cos(delta)*tan(x(2))*(gamma*(x(4)-x(3)*x(4))+...
10  x(3)*x(4)*(gamma_s-gamma_w))*(tan(x(2))^2+...
11  1))/(sin(delta)*(gamma*(x(4)-x(3)*x(4))+...
12  gamma_s*x(3)*x(4)));
13  dx3=-(gamma_s*x(1)-gamma*x(1)+...
14  gamma_w*gamma*x(4)*cos(delta)^2*tan(x(2))^2)/(x(4)*...
15  cos(delta)*sin(delta)*(gamma+gamma_s*x(3)-gamma*x(3))^2);
16  dx4=- (2*x(1))/(x(4)^2*sin(2*delta)*(gamma+gamma_s*x(3)-...
17  gamma*x(3)));
18  dx5=1;
19  dgdx=[dx1;dx2;dx3;dx4;dx5];
20  gs=dgdx.*sigmax;
21  alphax=-gs/norm(gs);
22  beta=(g+dot(dgdx,(mux-x)))/norm(dgdx.*sigmax);
23  x=mux+beta*sigmax.*alphax;
```

```
24  end
25  beta
26  pf=normcdf(-beta,0,1)
```

按照以上代码,采用验算点法迭代计算,结果如表5-3所示。

表5-3 验算点法迭代计算结果

迭代步骤	变量	x_i^*	$\left(\dfrac{\partial g}{\partial X_i}\right)_{x^*}$	α_x	β	新 x_i^*
1	c	10	0.038 6	−0.053 9		10.037 1
	φ	38	0.712 9	−0.995 9		38.686 6
	m	0.5	−0.126 3	0.004 4		0.499 9
	h	3	−0.128 5	0.053 9		2.988 9
	ε	0.02	1.000 0	−0.048 9	−0.344 7	0.021 2
2	c	10.037 1	0.038 7	−0.003 7		10.001 9
	φ	38.686 6	10.467 7	−1.000 0		38.513 5
	m	0.499 9	−1.672 8	0.004 0		0.499 9
	h	2.988 9	−0.130 0	0.003 7		2.999 4
	ε	0.021 2	1.000 0	−0.003 3	−0.256 8	0.020 1
3	c	10.001 9	0.038 6	−0.008 2		10.003 2
	φ	38.513 5	4.714 9	−0.999 9		38.389 9
	m	0.499 9	−0.847 9	0.004 5		0.500 0
	h	2.999 4	−0.128 6	0.008 2		2.999 0
	ε	0.020 1	1.000 0	−0.007 4	−0.195 0	0.020 1
4	c	10.003 2	0.038 6	−0.013 2		10.004 6
	φ	38.389 9	2.916 5	−0.999 7		38.348 0
	m	0.500 0	−0.539 0	0.004 6		0.500 0
	h	2.999 0	−0.128 6	0.013 2		2.998 6
	ε	0.020 1	1.000 0	−0.012 0	−0.174 1	0.020 1
5	c	10.004 6	0.038 6	−0.015 4		10.005 3
	φ	38.348 0	2.504 0	−0.999 7		38.344 4
	m	0.500 0	−0.463 0	0.004 6		0.500 0
	h	2.998 6	−0.128 7	0.015 4		2.998 4
	ε	0.020 1	1.000 0	−0.014 0	−0.172 3	0.020 2
6	c	10.005 3	0.038 6	−0.015 6		10.005 4
	φ	38.344 4	2.472 0	−0.999 6		38.344 4
	m	0.500 0	−0.457 1	0.004 6		0.500 0
	h	2.998 4	−0.128 7	0.015 6		2.998 4
	ε	0.020 2	1.000 0	−0.014 2	−0.172 3	0.020 2

得到可靠度指标 $\beta=-0.172\,3$，由式(1-30)计算得到失效概率 $p_f=56.84\%$；验算点坐标 $(c,\varphi,m,h,\varepsilon)=(10.005\,4,38.344\,4,0.500\,0,2.998\,4,0.020\,2)$。

5.4　HL-RF 法

5.4.1　经典 HL-RF 法

5.2 节中分析推导了验算点中可靠度指标的计算公式，由于公式中验算点的位置是未知的，因此需迭代求解。传统 HL-RF 法的迭代公式可写成如下形式(Liu 和 Der Kiureghian[5])：

$$u_{i+1}=u_i+\lambda_i d_i,\quad i=0,1,\cdots \tag{5-29}$$

式中　u_0——起算点；

λ_i——搜索步长；

d_i——搜索方向向量，d_i 一般需要利用功能函数对随机变量的梯度向量来获得。

由式(5-29)产生序列的收敛性通过下面两式判别：

$$G(u,r)=0 \tag{5-30}$$

$$u+\frac{\nabla_u G(u,r)^T}{\|\nabla_u G(u,r)\|}\|u\|=0 \tag{5-31}$$

实际应用中显然上两式无法严格满足，只要误差在指定范围内就认为算法收敛。式(5-30)表示设计点需要在极限状态曲面上，而式(5-31)表示设计点向量设计与设计点处极限状态曲面的梯度向量共线且反向。当找到设计点 u^* 时，可靠度指标可通过下式计算：

$$\beta=\sqrt{u^{*T}u^*} \tag{5-32}$$

然而，在实际岩土工程中，许多随机变量存在相关性。为更好地对岩土工程中随机变量分布类型为相关非正态分布的问题进行可靠性分析，Ji 等[6]对 HL-RF 算法进行了推演，提出了在 n 空间中进行可靠度分析的方法。该 n 空间中，可靠度指标按下式计算：

$$\beta=\sqrt{n^{*T}R^{-1}n^*} \tag{5-33}$$

式中　R——随机变量的相关系数矩阵；

n^*——n 空间中的设计点。

n 空间中的设计点可按如下迭代公式获得[7]：

$$n_{i+1} = \frac{1}{\nabla g(n_i)^{\mathrm{T}} R \nabla g(n_i)} \left[\nabla g(n_i)^{\mathrm{T}} n_i - g(n_i) \right] R \nabla g(n_i) \qquad (5-34)$$

式中　n_i——在 n 空间中的第 i 个迭代点；

　　　$g(n_i)$，$\nabla g(n_i)$——功能函数和功能函数在 n_i 点的梯度向量。

5.4.2　改进 HL-RF 法

然而，Liu 和 Der Kiureghian[5] 指出，在 HL-RF 法的应用过程中会出现迭代算法不稳定以及在某些情况下无法收敛的情况。为了避免迭代算法无法收敛的情况，通过式(5-29)进行改进，其中

$$d_i = \frac{\left[\nabla g(u_i)^{\mathrm{T}} u_i - g(u_i) \right] \nabla g(u_i)}{\parallel \nabla g(u_i) \parallel} - u_i \qquad (5-35)$$

可以发现，传统 HL-RF 法为上述改进的一种特殊情况，即 $\lambda_i = 1$。我们可以通过调整搜索步长 λ_i 来对经典 HL-RF 法进行改进。

Haukaas 和 Der Kiureghian[8] 提出采用修正的阿米霍条件 Polak[9] 对搜索步长 λ_i 进行改进：

$$\lambda_i = b_0 \cdot b^y \qquad (5-36)$$

式中，b 可在 0～1 之间取值，默认值为 $b = 0.5$；在前 m 子步 $b_0 < 1$，随后的子步 $b_0 = 1$。用户指定 m(3或4)和 b_0($b_0 = 0.5$ 或更小)；y 为初始值为 0 的整数值，后面根据是否收敛依次增加单位 1。

为避免在计算过程中出现复杂的空间变换计算，以下将优化思路运用到 n 空间中，式(5-29)可展开如下：

$$u_{i+1} = (1 - \lambda_i) u_i + \lambda_i \frac{\left[\nabla g(u_i)^{\mathrm{T}} u_i - g(u_i) \right] \nabla g(u_i)}{\parallel \nabla g(u_i) \parallel^2} \qquad (5-37)$$

根据 Cholesky 分解可将相关系数矩阵分解为一个下三角矩阵 L 和一个上三角矩阵 U，并且有

$$U = L^{\mathrm{T}} \qquad (5-38)$$

由式(5-38)可得，u 空间随机变量 u 和 n 空间随机变量 n 存在如下关系[10]：

$$u = L^{-1} n \qquad (5-39)$$

$$n = Lu \tag{5-40}$$

根据链式规则，功能函数式(5-1)可写成如下形式：

$$\frac{\partial g(\cdot)}{\partial u_{i,j}} = \frac{\partial g(\cdot)}{\partial n_{i,j}} \cdot \frac{\partial n_{i,j}}{\partial u_{i,j}} + \frac{\partial g(\cdot)}{\partial n_{i,j+1}} \cdot \frac{\partial n_{i,j+1}}{\partial u_{i,j}} + \cdots + \frac{\partial g(\cdot)}{\partial n_{i,s}} \cdot \frac{\partial n_{i,s}}{\partial u_{i,j}} \tag{5-41}$$

式中　$u_{i,j}$，$n_{i,j}$——$\boldsymbol{u}_i$ 和 $\boldsymbol{n}_i$ 随机向量的第 j 个元素；

　　　s——向量总数。

功能函数的梯度向量从 u 空间按照式(5-42)转换到 n 空间：

$$\begin{Bmatrix} \dfrac{\partial g(\cdot)}{\partial u_{i,1}} \\ \vdots \\ \dfrac{\partial g(\cdot)}{\partial u_{i,s}} \end{Bmatrix} = \begin{Bmatrix} \dfrac{\partial n_{i,1}}{\partial u_{i,1}} & \cdots & \dfrac{\partial n_{i,s}}{\partial u_{i,1}} \\ 0 & \ddots & \vdots \\ 0 & 0 & \dfrac{\partial n_{i,s}}{\partial u_{i,s}} \end{Bmatrix} \cdot \begin{Bmatrix} \dfrac{\partial g(\cdot)}{\partial n_{i,1}} \\ \vdots \\ \dfrac{\partial g(\cdot)}{\partial n_{i,s}} \end{Bmatrix} = \boldsymbol{L}^{\mathrm{T}} \cdot \begin{Bmatrix} \dfrac{\partial g(\cdot)}{\partial n_{i,1}} \\ \vdots \\ \dfrac{\partial g(\cdot)}{\partial n_{i,s}} \end{Bmatrix} \tag{5-42}$$

式(5-42)写成向量表达如下：

$$\nabla g(\boldsymbol{u}_i) = \boldsymbol{L}^{\mathrm{T}} \nabla g(\boldsymbol{n}_i) \tag{5-43}$$

将式(5-37)等号两遍左乘 $\boldsymbol{L}$，可得

$$\boldsymbol{L} \boldsymbol{u}_{i+1} = (1 - \lambda_i) \boldsymbol{L} \boldsymbol{u}_i + \lambda_i \frac{\left[\nabla g(\boldsymbol{u}_i)^{\mathrm{T}} \boldsymbol{u}_i - g(\boldsymbol{u}_i) \right] \boldsymbol{L} \nabla g(\boldsymbol{u}_i)}{\| \nabla g(\boldsymbol{u}_i) \|^2} \tag{5-44}$$

将式(5-43)代入式(5-44)，并应用式(5-39)，可得

$$\boldsymbol{L} \boldsymbol{L}^{-1} \boldsymbol{n}_{i+1} = (1 - \lambda_i) \boldsymbol{L} \boldsymbol{L}^{-1} \boldsymbol{n}_i + \lambda_i \frac{\left[\left[\boldsymbol{L}^{\mathrm{T}} \nabla g(\boldsymbol{n}) \right]^{\mathrm{T}} \boldsymbol{L}^{-1} \boldsymbol{n}_i - g(\boldsymbol{n}_i) \right] \boldsymbol{L} \boldsymbol{L}^{\mathrm{T}} \nabla g(\boldsymbol{n}_i)}{\| \boldsymbol{L}^{\mathrm{T}} \nabla g(\boldsymbol{n}_i) \|^2} \tag{5-45}$$

由于

$$\boldsymbol{L} \boldsymbol{L}^{-1} = \boldsymbol{I} \tag{5-46}$$

$$\| \boldsymbol{L}^{\mathrm{T}} \nabla g(\boldsymbol{n}_i) \|^2 = \left[\boldsymbol{L}^{\mathrm{T}} \nabla g(\boldsymbol{n}_i) \right]^{T} \left[\boldsymbol{L}^{\mathrm{T}} \nabla g(\boldsymbol{n}_i) \right] = \nabla g(\boldsymbol{n}_i)^{\mathrm{T}} \boldsymbol{R} \nabla g(\boldsymbol{n}_i) \tag{5-47}$$

则式(5-45)可化简为

$$\boldsymbol{n}_{i+1} = (1 - \lambda_i) \boldsymbol{n}_i + \lambda_i \frac{\left[\nabla g(\boldsymbol{n}_i)^{\mathrm{T}} \boldsymbol{n}_i - g(\boldsymbol{n}_i) \right] \boldsymbol{R} \nabla g(\boldsymbol{n}_i)}{\nabla g(\boldsymbol{n}_i)^{\mathrm{T}} \boldsymbol{R} \nabla g(\boldsymbol{n}_i)} \tag{5-48}$$

式中，λ_i 由式(5-36)计算得到。

然而,对于复杂岩土工程问题,其功能函数往往没有明确表达式,通常需要使用独立的岩土工程数值软件来评估可靠性分析问题的功能函数。为了便于应用 n 空间的改进 HL-RF 法,下面将介绍一种基于已有数值分析软件的可靠度分析方法及程序,使现有确定性的岩土工程数值分析软件(例如 FLAC^{3D})可用于复杂岩土工程可靠性分析。首先介绍隐式极限状态方程可靠度分析问题的分析方法,然后进一步建立基于已有数值分析软件的自动可靠度分析方法。

  利用式(5-48)进行可靠度分析时需要功能函数的梯度向量 $\nabla g(\boldsymbol{n}_i)$ 和迭代步长 λ_i。其中迭代步长 λ_i 可通过式(5-36)计算确定,而对于复杂岩土工程问题,其功能函数需采用数值分析方法获得,梯度可采用有限差分法计算。令 $\boldsymbol{n}_0$ 为初始迭代点,令 $\boldsymbol{x}_0$ 为 x 空间中对应的初始点。一般可取 $\boldsymbol{n}_0 = \boldsymbol{0}$。令 $\boldsymbol{n}_i$ 和 $\boldsymbol{x}_i$ 分别代表 n 空间和 x 空间中的第 i 个迭代点。基于改进 HL-RF 算法进行可靠度分析的实施步骤如下:

  (1)代入初始迭代点 $\boldsymbol{n}_0 = \boldsymbol{0}$,将对应的 $\boldsymbol{x}_i$ 代入数值分析软件中,获得功能函数在 $\boldsymbol{n}_i$ 点的值,记为 $g(\boldsymbol{n}_i)$;

  (2)给定微小变化量 Δn,计算功能函数在点 $(\boldsymbol{n}_0 + \Delta \boldsymbol{n})$ 处的值,记为 $g(\boldsymbol{n}_0 + \Delta \boldsymbol{n})$。

  (3)定义 $\Delta g(\boldsymbol{n}_0) = g(\boldsymbol{n}_0 + \Delta \boldsymbol{n}) - g(\boldsymbol{n}_i)$。采用有限差分法计算得到 $\boldsymbol{n}_0$ 的梯度向量,具体见下式。

$$\left. \frac{\partial g(\boldsymbol{n})}{\partial n_j} \right|_{n=n_i} \approx \frac{g(n_{i1}, \cdots, n_{ij} + \Delta, \cdots, n_{is}) - g(n_{i1}, \cdots n_{ij}, \cdots, n_{is})}{\Delta}$$

$$(5\text{-}49)$$

  (4)利用公式(5-48)计算新的迭代点 $\boldsymbol{n}_1$,其中利用式(5-36)计算迭代步长 λ_1。由于第一次迭代,根据算法优化,式(5-36)中各参数如下定义: $m = 3$, $b_0 = 0.5$, $b = 0.5$。

  (5)利用公式(5-33)计算该迭代点处的可靠度指标 β。

  (6)重复(1)—(5)的步骤,直至连续两次的 β 差值在容许范围内,且 $g(\boldsymbol{n}_{i+1}) \approx 0$,注意当进行 3 次迭代计算后,$b_0$ 定义为 $b_0 = 1$。收敛条件为下式:

$$|\boldsymbol{n}_{i+1} - \boldsymbol{n}_i| \leqslant \varepsilon_1 \qquad (5\text{-}50)$$

$$|g(\boldsymbol{n}_{i+1})| \leqslant \varepsilon_2 \qquad (5\text{-}51)$$

式中,ε_1 和 ε_2 为两个较小的正值数,通常定义为 $\varepsilon_1 = \varepsilon_2 = 0.01$。

  上述 n 空间的改进 HL-RF 算法流程为基于已有数值分析软件进行可靠度分析和程序编制提供了基础。下面将利用 MATLAB 计算可靠度指标,采用 FLAC^{3D} 建立复杂岩土系统的功能函数,通过在两种数值程序中建立数据通信,实现复杂岩土系统可靠度的自动分析。图 5-2 为本书提出的基于 MATLAB 和 FLAC^{3D} 进行可靠度自动分析的流程图。

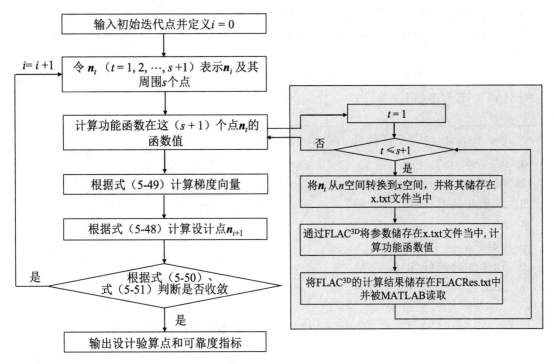

图 5-2　基于已有数值分析软件的 HL-RF 法可靠度分析流程

5.5　复杂岩土及地质工程问题的 HL-RF 法可靠度分析

5.5.1　浅基础沉降问题

【例 5.4】　在例 3.4 的基础上,利用 HL-RF 法对浅基础沉降问题进行可靠度分析并求解。

解:我们用 5.4.2 节中介绍的改进 HL-RF 法,基于数值响应对该算例进行求解。其中,自定义的 MATLAB 函数 getnd. m 可实现式(5-48)所示的 HL-RF 算法的验算点迭代。

扫描二维码获
取本算例代码

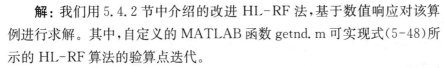

```
代码 5.9 MATLAB 中定义的 HL-RF 算法验算点迭代
1  function [beta,n_next]=getnd(n,lambda,gxo)
2  tidu_n=tidu(n,gxo);
3  xmean=[15e6 0.5];
4  xr=eye(length(xmean));
5  n_next=(1-lambda)*n'+lambda*((tidu_n*n'-...
```

```
6  gxo)*xr*tidu_n')/(tidu_n*xr*tidu_n');
7  beta=sqrt(n_next'*inv(xr)*n_next);
```

代码 5.10 中,参数 lambda 为搜索步长 λ_i ,其由式(5-36)进行确定;代码 5.10 相应的 MATLAB 程序如下:

代码 5.10 MATLAB 中定义的 HL-RF 算法验算点迭代
```
1  if i>3
2  b0=1;
3  lambda=b0*(b^k);
4  else
5  b0=0.5;
6  lambda=b0*(b^k);
7  end
```

最后,在 MATLAB 主程序中完成该算例的改进 HL-RF 法数值计算。

代码 5.11 例 5.4 在 MATLAB 中的主程序
```
1   clc
2   clear % 清空变量空间
3   format compact
4   % % 初始参数设置
5   lim=0.1;
6   xmean=[15e6 0.5];
7   covx=[0.3 0.15];
8   xsd=xmean.*covx;
9   xr=eye(length(xmean));
10  save Pra lim xmean xr covx
11  % % 改进 HL-RF 法迭代
12  conv_flag=0;
13  k=-1;
14  while conv_flag= =0
15      clear beta
16      n=(zeros(1,length(xmean)));
17      x0=getx_log(n,xmean,covx)  % u 空间中的点转化到原始空间中
18      [gxo,~ ]=CallFLAC_par(1,n)  % 计算功能函数在 x0 点的值
19      betaerr=10;
20      i=1
```

```
21      b=0.5;
22      b0=0.5;
23      k=k+1;
24      lambda=b0*(b^k); % 步长
25      beta(1)=0;
26      while betaerr>0.01 || gxo >0.01
27          [beta(i+1),n_next]=getnd(n,lambda,gxo);
28          n=n_next';
29          x=getx_log(n,xmean,covx);
30          [gxo,~ ]=CallFLAC_par(1,n);
31          display(['迭代第 ',num2str(i),'次：',...
32          'beta=',num2str(beta)])
33          if i>3
34              b0=1；
35              lambda=b0*(b^k)；
36          else
37              b0=0.5；
38          lambda=b0*(b^k)；
39          end
40          betaerr=abs(beta(i+1)-beta(i));
41          i=i+1;
42          if i>20
43              conv_flag=0;
44              break
45          end
46      end
47      if i<20
48          break
49      end
50  end
```

代码 5.11 中，MATLAB 并行调用 FLAC^{3D} 执行 shallowfoundation_par. f3dat 的函数 CallFLAC_par. m 的定义，请参考代码 2.17。

图 5-3 列出来了本算例在迭代空间中的随机变量在 x 空间的中间值和对应的可靠度指标的变化过程。

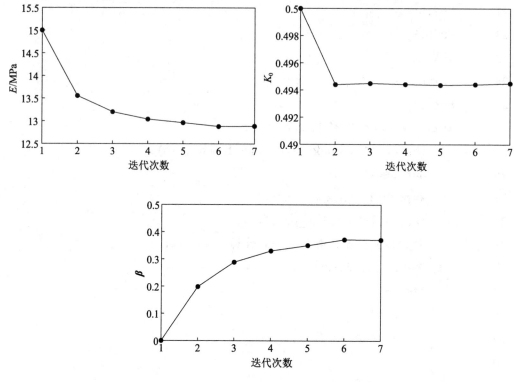

图 5-3　浅基础算例随机变量迭代

运行上面的代码,可得如下输出结果:

```
beta =
 1 至 6 列
        0    0.198 4    0.288 5    0.330 0    0.350 2    0.371 8
 7 列
   0.370 2
```

因此,可靠度指标 $\beta = 0.37$,由式(1-30)计算得到该浅基础的失效概率 $p_f = 35.56\%$。

5.5.2　边坡稳定性问题

【例 5.5】　在例 3.5 的基础上,采用 HL-RF 法对边坡稳定性问题进行可靠度分析求解。

解:下面我们用 5.4.2 节中介绍的改进 HL-RF 法,基于数值响应对该算例进行求解。此处仍采用代码 5.9 实现 HL-RF 算法的迭代。综上,包含该算例的完整解题程序在 MATLAB 主程序中完成。

扫描二维码获
取本算例代码

代码 5.12 例 5.5 在 MATLAB 中的主程序

```matlab
1  clc
2  clear
3  format compact
4  %% 初始参数设置
5  lim=1;
6  xmean=[5e3 15];
7  covx=[0.3 0.2];
8  xr=eye(length(xmean));
9  xsd=xmean.*covx;
10 save Pra lim xmean xr covx
11 %% 改进 HL-RF 法迭代
12 conv_flag=0;
13 k=-1;
14 while conv_flag= =0
15     clear beta
16     n=(zeros(1,length(xmean)));
17     x0=getx_log(n,xmean,covx)  % u 空间中的点转化到原始空间中
18     [gxo,~ ]=CallFLAC_par(1,n)  % 计算功能函数在 x0 点的值
19     betaerr=10;
20     i=1
21     b=0.5;
22     b0=0.5;
23     k=k+1;
24     lambda=b0*(b^k); % 步长
25     beta(1)=0;
26     while betaerr>0.01 || gxo >0.01
27         [beta(i+1),n_next]=getnd(n,lambda,gxo);
28         n=n_next';
29         x=getx_log(n,xmean,covx);
30         [gxo,~ ]=CallFLAC_par(1,n);
31         display(['迭代第 ',num2str(i),'次:',...
32         'beta=',num2str(beta)])
33         if i>3
34             b0=1;
35             lambda=b0*(b^k);
36         else
37             b0=0.5;
```

```
38        lambda=b0*(b^k);
39        end
40        betaerr=abs(beta(i+1)-beta(i));
41        i=i+1;
42        if i>20
43            conv_flag=0;
44            break
45        end
46    end
47    if i<20
48        break
49    end
50 end
```

图 5-4 列出了本算例在迭代空间中的随机变量在 x 空间的中间值和对应的可靠度指标的变化过程。

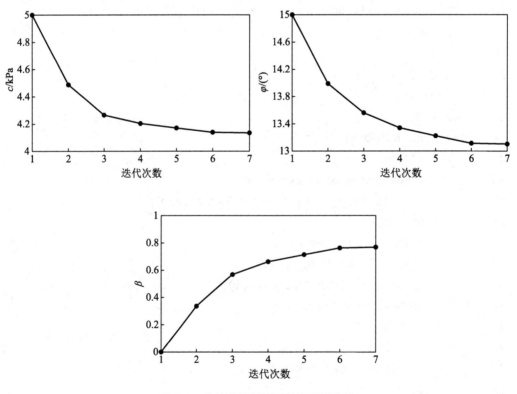

图 5-4   边坡稳定性算例随机变量迭代

运行上面的代码,可得如下输出结果:

```
beta =
  1 至 6 列
        0   0.336 4   0.568 5   0.662 7   0.714 0   0.762 8
  7 列
   0.768 2
```

可靠度指标 $\beta = 0.77$,由式(1-30)计算得失效概率 $p_f = 22.12\%$。

5.5.3　盾构隧道收敛变形问题

【例 5.6】　在例 3.6 的基础上,利用 HL-RF 法对盾构隧道收敛问题进行可靠度分析求解。

解:下面我们用 5.4.2 节中介绍的改进 HL-RF 法,基于数值响应对该算例进行求解。在此仍用代码 5.9 实现 HL-RF 算法的迭代。综上所述,包含该算例的完整解题程序在 MATLAB 主程序中完成。

扫描二维码获
取本算例代码

代码 5.13 例 5.6 在 MATLAB 中的主程序

```
1   clc
2   clear
3   format compact
4   %  初始参数设置:
5   lim=0.004*6.2;
6   xmean=[10e6 0.6];
7   covx=[0.3 0.15];
8   xsd=xmean.*covx;
9   xr=eye(length(xmean));
10  save Pra lim xmean xr covx
11  % % 改进 HL-RF 法迭代
12  conv_flag=0;
13  k=-1;
14  while conv_flag= =0
15      clear beta
16      n=(zeros(1,length(xmean)));
17      x0=getx_log(n,xmean,covx)   % u 空间中的点转化到原始空间中
18      [gxo,~ ]=CallFLAC_par(1,n)   % 计算功能函数在 x0 点的值
```

```
19      betaerr=10;
20      i=1
21      b=0.5;
22      b0=0.5;
23      k=k+1;
24      lambda=b0*(b^k); % 步长
25      beta(1)=0;
26      while betaerr>0.01 || gxo >0.01
27          [beta(i+1),n_next]=getnd(n,lambda,gxo);
28          n=n_next';
29          x=getx_log(n,xmean,covx);
30          [gxo,~ ]=CallFLAC_par(1,n);
31          display(['迭代第 ',num2str(i),'次:',...
32          'beta=',num2str(beta)])
33          if i>3
34              b0=1;
35              lambda=b0*(b^k);
36          else
37              b0=0.5;
38          lambda=b0*(b^k);
39          end
40          betaerr=abs(beta(i+1)-beta(i));
41          i=i+1;
42          if i>20
43              conv_flag=0;
44              break
45          end
46      end
47      if i<20
48          break
49      end
50  end
```

图 5-5 列出来了本算例在迭代空间中的随机变量在 x 空间的中间值和对应的可靠度指标的变化过程。

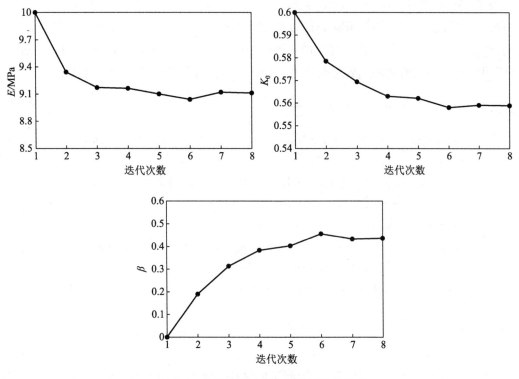

图 5-5 隧道收敛变形算例随机变量迭代

运行上面的代码,可得如下输出结果:

```
beta =
 1 至 6 列

       0   0.190 2   0.313 0   0.383 0   0.402 6   0.456 2
 7 至 8 列

   0.432 7   0.435 9
```

因此,可靠度指标 $\beta = 0.43$,由式(1-30)计算得到该隧道的失效概率 $p_f = 33.36\%$。

5.6 小结

本章对岩土及地质工程可靠度分析的验算点法进行了详细的介绍。验算点法由于计算效率高、计算精度合理,在隧道的稳定性分析(例如 Li 和 Low[11];Wang 和 Fang[12];Zhang 等[13])、边坡及挡土墙的失效概率计算(Low 和 Tang[1];Low 等[10];Choi 等[14];Ji 等[15])等岩土及地质工程问题中获得了广泛的应用。值得指出的是,HL-RF 法及其改进方法（Abdo 和 Rackwitz[16]；Zhang 和 Der Kiureghian[17]）是一种基于梯度的直接优化算法。在某些条件下，如极限状态函数高度非线性时，该方法可能收敛缓慢甚至发散。对此，本章介绍了 Zhang 等[18]提出的一种可以调整搜索步长的 HL-RF 法。上述改进的 HL-RF 法能够被有效应用到复杂岩土工程可靠度分析中，达到快速收敛的目的。

参考文献

［1］ Low B K，Tang W H. Efficient reliability evaluation using spreadsheet[J]. Journal of Engineering Mechanics，1997，123(7)：749-752.

［2］ 张璐璐，张洁，徐耀，等. 岩土工程可靠度理论[M]. 上海：同济大学出版社，2011.

［3］ Rackwitz R，Flessler B. Structural reliability under combined random load sequences[J]. Computers and Structures，1978，9(5)：489-494.

［4］ Low B K，Tang W H. Efficient Spreadsheet Algorithm for First-Order Reliability Method[J]. Journal of Engineering Mechanics，2007，133(12)：1378-1387.

［5］ Liu P L，Der Kiureghian A. Optimization algorithms for structural reliability[J]. Structural Safety，1991，9(3)：161-177.

［6］ Ji J，Liao H J. Sensitivity-based reliability analysis of earth slopes using finite element method[J]. Geomechanics and Engineering，2014，6(6)：545-560.

［7］ Ji J. Reliability analysis of earth slopes accounting for spatial variation[D]. Nanyang Technological University，Singapore，2013.

［8］ Haukaas T，Der Kiureghian A. Strategies for finding the design point in non-linear finite element reliability analysis[J]. Probabilistic Engineering Mechanics，2006，21(2)：133-147.

［9］ Polak E. Optimization：algorithms and consistent approximations ［M］. New York：Springer，1997.

［10］ Low B K，Zhang J，Tang W H. Efficient system reliability analysis illustrated for a retaining wall and a soil slope[J]. Computers and Geotechnics，2011，38(2)：196-204.

［11］ Li H Z，Low B K. Reliability analysis of circular tunnel under hydrostatic stress field[J]. Computers and Geotechnics，2010，37(1-2)：50-58.

［12］ Wang Q，Fang H. Reliability analysis of tunnels using an adaptive RBF and a first-order reliability method[J]. Computers and Geotechnics，2018，98：144-152.

［13］ Zhang J，Duan X，Zhang D，et al. Probabilistic performance assessment of shield tunnels subjected to accidental surcharges[J]. Structure and Infrastructure Engineering，2019，15(11)：1500-1509.

［14］ Choi J C，Lee S R，Kim Y，et al. Real-time unsaturated slope reliability assessment considering variations in monitored matric suction[J]. Smart structures and systems，2011，7(4)：263-274.

［15］ Ji J，Zhang C，Gao Y，et al. Effect of 2D spatial variability on slope reliability：a simplified FORM analysis[J]. Geoscience Frontiers，2018，9(6)：1631-1638.

［16］ Abdo T，Rackwitz R. A New Beta-Point Algorithm for Large Time-Invariant and Time-Variant Reliability Problems[C]//Lecture Notes in Electrical Engineering，VOL 61. Berlin，Heidelberg：Springer，1961.

［17］ Zhang Y，Der Kiureghian A D. Two improved algorithms for reliability analysis［M］//Reliability and optimization of structural systems. Springer，Boston，MA，1995：297-304.

［18］ Zhang J，Zheng Z，Cai Y C，et al. A FORM-based approach for probabilistic analysis in geotechnics：Application to a reinforced concrete drainage culvert［J］. International Journal for Numerical and Analytical Methods in Geomechanics，2019，43(12)：2090-2105.

第6章

响 应 面 法

6.1 引言

复杂岩土及地质工程问题往往缺乏显式功能函数,无法直接采用前几章介绍解析的方法进行可靠度分析。对此,可以采用响应面函数近似功能函数,然后基于响应面进行可靠度分析,达到对缺乏显式功能函数的情况进行可靠度分析方法的目的。本章将首先介绍二次响应面法的基本原理。在此基础上,介绍如何利用一阶可靠度分析方法结合二次响应面实现可靠度指标的求解。最后将介绍的方法应用到典型的岩土工程可靠度分析中。

6.2 响应面法基本原理

6.2.1 二次响应面法

对于大多数复杂岩土工程问题而言,当变量 x 与功能函数值 Z 之间的关系无法直接用显式函数关系刻画时,在取样点处使用一个方便表示的函数来近似代替功能函数,这即为响应面法的基本思想[1]。通过试验或者仿真模拟得到变量的一系列响应值 $\overline{Z}$,然后利用二次函数来拟合自变量 x 与响应值 $\overline{Z}$ 之间的关系,这样的方法称为二次响应面法。

变量 x 与功能函数值 Z 之间的关系往往是连续型复杂曲面,而二次响应面仅采用二次函数对采样范围内的功能函数进行局部拟合。图 6-1 给出了某二维变量 x 的二次响应面的三维图。二次响应面法通过构造二次多项式来拟合功能函数,目前此方法已被广泛地应用到了土木工程领域中。相比仅构造一次项的一次响应面函数,二次响应面具有更高的精度,能够更好地拟合功能函数。为了提高计算效率,通

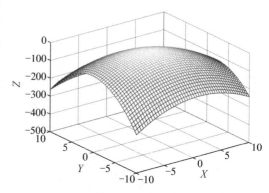

图 6-1 某二次响应面的三维视图

常采用不含交叉项的二次响应面来拟合实际功能函数,其公式如下:

$$g(\boldsymbol{y}) \approx b_0 + \sum_{i=1}^{k} b_i y_i + \sum_{i=1}^{k} b_{k+1} y_i^2 \tag{6-1}$$

式中　y_i——第 i 个自变量;

　　　k——$\boldsymbol{y}$ 的维度;

　　　b_i——二次多项式的不确定系数($i = 0, 1, 2, \cdots, 2k$)。

为了计算方便,这里的 $\boldsymbol{y}$ 是取样点 $\boldsymbol{x}$ 转化到标准正态空间的映射值,即拟合二次多项式是在标准正态空间中的,而 $g(\boldsymbol{y})$ 是功能函数在取样点处对应的真实值,即响应值是在原始坐标空间得到的。

6.2.2　基于一阶可靠度理论的二次响应面法

第 5 章介绍了如何利用一阶可靠度方法(FORM)来计算可靠度指标,下面将基于一阶可靠度方法说明如何利用二次响应面法对可靠度问题进行求解。

第一步是要标定响应面方程 $g(\boldsymbol{y})$ 的待定系数,这里二次多项式的 $2k+1$ 个待定系数 $\boldsymbol{b} = [b_0, b_1, \cdots, b_{2k+1}]$ 是求解目标。为了得到这些待定系数,首先需要设计 $2k+1$ 个取样点 $\boldsymbol{y}$ 并获取对应的响应值 $g(\boldsymbol{y})$,根据式(6-1)即可求解 $\boldsymbol{b}$,进而确定响应面函数 $g(\boldsymbol{y})$。进行二次响应函数的取样点设计时,最常用的就是中心复合设计(Central Composite Designs),通过在坐标轴和中心点进行取样产生 $2k+1$ 个设计点。以拥有两个服从标准正态分布变量的情况为例,如图 6-2 所示,其取样点分别为$(0,0)$,$(-m,0)$,$(m,0)$,$(0,-m)$,$(0,m)$,其中 m 是决定取样点的步长。

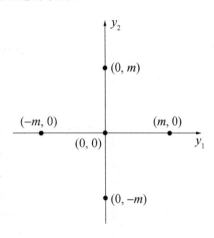

图 6-2　二维变量设计取样点

而对于 k 维服从标准正态分布的变量 $\boldsymbol{y}$,在 k 维空间中有取样点:

y_1	y_2	$\cdots$	y_k
0	0	$\cdots$	0
m	0	$\cdots$	0
$-m$	0	$\cdots$	0
0	m	$\cdots$	0
0	$-m$	$\cdots$	0
$\cdots$	$\cdots$	$\cdots$	$\cdots$
0	0	$\cdots$	m
0	0	$\cdots$	$-m$

得到取样点后,将它们转为标准正态空间变量 x,通过试验得到 $2k+1$ 个响应值,根据式(6-1)即可得到 b,即标定一个二次响应面 $g(y)$。

接下来结合一阶可靠度方法得到可靠度指标并设计点 y_d。再将 y_d 代入式(5-33)即可计算可靠度指标 β。当功能函数非线性较强时,仅构造一个响应面,难以得到很好的拟合,此时计算得到的 y_d 可能并不是很接近真实情况的设计点。在这样的情况下,可以通过更新取样中心点来进行迭代新的响应面,公式如下:

$$y_c \approx \mu_x - g(\mu_x) \frac{\mu_x - y_d}{g(\mu_x) - g(y_d)} \qquad (6-2)$$

通过式(6-2),得到新的取样点后,可标定新的响应面,并利用一阶可靠度方法获取新的可靠度指标和设计点,重复迭代上述步骤,直到前后两次的可靠度指标的差值 ε_β 满足一定的精度要求,即认为得到了最终的可靠度指标。图 6-3 给出了基于一阶可靠度的响应面法的计算流程。

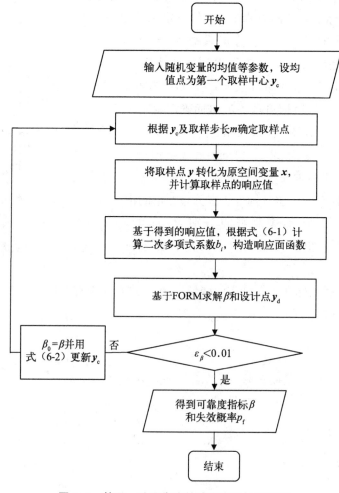

图 6-3 基于一阶可靠度的响应面法计算流程

6.3 有显式功能函数的可靠度问题

6.3.1 非线性功能函数算例

【例 6.1】 使用本章响应面方法,求解例 3.1 中的非线性功能函数算例。

扫描二维码获取本算例代码

解:根据上文介绍的响应面法原理,需要设计取样点。由于 x 为 $k=2$ 维变量 (x_1,x_2),假设步长 $m=2$,取样中心 y_c 为 $(0,0)$ 则其在标准正态空间的设计取样点 y 为 $(0,0)$,$(2,0)$,$(-2,0)$,$(0,2)$,$(0,-2)$。

接下来需要计算取样点对应的响应值 $G(y)$,为此需要先将取样点 y 转化回原始空间 x,在 MATLAB 软件中可以通过自定义函数 getx.m 来实现:

代码 6.1 自定义函数 getx.m

```
1  function x=getx(y)
2  load Pra xmean xsd;
3  for j =1:size(y,1)
4      for i=1:length(xmean)
5          x(j,i)=y(j,i)*xsd(i)+xmean(i);
6      end
7  end
```

转化后得到原坐标空间取样点 x 为:$(1,2)$,$(5,2)$,$(-3,2)$,$(1,6)$,$(1,-2)$。

根据功能函数 $g(x_1,x_2)=\exp(x_1+6)-x_2$ 计算五个取样点及其响应值,计算得到待定系数 $b=[b_0,b_1,\cdots,b_{2k+1}]$,即可得到响应面函数。MATLAB 软件中,可以通过自定义函数 getRSCoef.m 来计算待定系数 b,从而拟合响应面。

代码 6.2 自定义函数 getRSCoef.m 计算待定系数

```
1  function [ RSCoef,ycl,Gycl ]=getRSCoef( yc,m )
2  load Pra xmean ;
3  ysamples(1,:)=yc; % 取样点矩阵 ysample,取样中心 yc
4  for i=1:length(yc)
5      ysamples(2*i,:)=yc;
6      ysamples(2*i+ 1,:)=yc;
7      ysamples(2*i,i)=yc(i)-m;
8      ysamples(2*i+ 1,i)=yc(i)+m;
9  end
```

```
10   xsamples=getx(ysamples); % getx
11   parfor k=1:(1+2*length(xmean))
12      [Gy(k,:)]=getG(xsamples(k,:)) % getG
13   end
14   [nd,~]=size(ysamples);
15   A=[ysamples.^2 ysamples ones(nd,1)];
16   RSCoef=transpose(inv(A)*Gy); % 得到二次多项式系数
17   yc1=ysamples(1,:);
18   Gyc1=Gy(1,1);
```

接下来利用一阶可靠度方法计算可靠度指标。令 $G(y)=0$,即可得到设计点 y_d,将 y_d 代入式(5-33)即可计算可靠度指标 β。在 MATLAB 软件中可以通过自定义函数 FORM.m 来实现。

代码6.3 自定义函数 FORM.m

```
1   function [yd,beta]=FORM(RSCoef)
2   load Pra xmean xr;
3   y0=(zeros(1,length(xmean)))- 1e- 5;
4   options=optimset('LargeScale','off','TolFun',1e-8,...
5      'MaxIter',1e2,'MaxFunEvals',1e7,'TolX',1e-8,'TolCon',1e-8);
6   con=@ (y) conFORM(y,RSCoef);
7   objFORM=@ (y) sqrt(y*inv(xr)*transpose(y));
8   [yd,beta] =fmincon(objFORM,y0,[],[],[],[],[],[],...
9      con,options);
```

由于本章重点不是验算点法,故此处没有使用上一章提出的迭代算法,而是直接使用优化求解方法。在函数 FORM.m 中调用 MATLAB 自带优化函数 fmincon.m 时需要自定义非线性约束函数 conFORM.m,即约束功能函数值为 0,具体格式要求可参考 MATLAB 软件的 fmincon.m 帮助内容。定义非线性约束函数 conFORM.m 代码如下。

代码6.4 自定义函数 conFORM.m

```
1   function [Ineq_con,Eq_con]=conFORM(y,RSCoef)
2   Ineq_con=[];
3   Y=[y.^2 y 1];
4   G=Y*transpose(RSCoef);
5   Eq_con=G;
```

使用迭代算法来确保拟合响应面的稳定性,根据式(4-2)计算更新后的取样中心 y_c,

在 MATLAB 软件中可以通过自定义函数 getyc. m 来实现。

代码 6.5　自定义函数 getyc.m

```
1    function yc=getyc(yd,ycl,Gycl)
2    x=getx(yd);
3    [Gyd]=getG(x);
4    yc=(Gyd*ycl-Gycl*yd)/(Gyd-Gycl);
```

代码 6.2 中第 12 行和代码 6.5 中第 3 行调用的 getG. m 用于计算功能函数值,在本算例中可使用如下代码。

代码 6.6　自定义函数 getG.m

```
1    function [Gx]=getG(x)
2    Gx=exp(x(1)+ 6)- x(2);
3    end
```

重复上述计算流程,进行迭代运算,即可得到最终结果,求解代码如下。

代码 6.7　在 MATLAB 中使用响应面法求解例 6.1

```
1    clc
2    clear
3    format compact
4    xmean =[1 2]; % 均值
5    xsd=[2 2]; % 标准差
6    xr=[1,-0.5;-0.5,1]; % 相关系数
7    save Pra xmean xsd xr
8    % 以下开始响应面的标定和计算
9    % 设计点搜寻起点
10   yc=[0 0]; % 初始中心点
11   m=2; % 取样步长
12   betalist=[];
13   [ RSCoef,ycl0,Gycl0]=getRSCoef( yc,m ); % getRSCoef
14   Betaerr=10;
15   j=1;
16   while Betaerr> 0.01
17       if j==1
18           [yd, betalist(j)]=FORM(RSCoef); % FORM
19           ycl=ycl0;
```

```
20        Gycl=Gycl0;
21     else
22        yc=getyc(yd,ycl,Gycl); % getyc
23        [RSCoef,ycl,Gycl]=getRSCoef(yc,m);
24        RSCoef
25        [yd,betalist(j)]=FORM(RSCoef)
26        yd
27        Betaerr=abs(betalist(j)-betalist(j-1));
28     end
29     j=j+1;
30  end
31  beta=betalist(end)
32  pf=normcdf(-beta,0,1)
```

运行以上代码计算得可靠度指标 $\beta = 2.64$，失效概率 $p_f = 0.41\%$。

6.3.2 条形基础问题

【例 6.2】 在例 3.2 的基础上，采用响应面法求解条形基础可靠度
问题。

解：求解思路代码如下。

扫描二维码获
取本算例代码

代码 6.8 在 MATLAB 中使用响应面法求解条形基础问题
```
1    clear
2    clc
3    xmean=[15 20 200];
4    B=1.5;
5    D_f=0;
6    gamma=17;
7    xsd=[5 2 30];
8    covx=xsd./xmean;
9    xr=[1,0,0;0,1,0;0,0,1];
10   save Pra xmean xr xsd covx B D_f gamma
11   % 以下开始响应面的标定和计算
12   % 设计点搜寻起点
13   yc=[0 0 0]; % 初始中心点
14   m=2; % 取样步长
15   betalist=[];
```

```
16   [RSCoef,ycl0,Gycl0]=getRSCoef( yc,m ); % getRSCoef
17   Betaerr=10;
18   j=1;
19   while Betaerr> 0.01
20       if j==1
21           [yd,betalist(j)]=FORM(RSCoef); % FORM
22           ycl=ycl0;
23           Gycl=Gycl0;
24       else
25           yc=getyc(yd,ycl,Gycl); % getyc
26           [RSCoef,ycl,Gycl]=getRSCoef( yc,m );
27           RSCoef
28           [yd,betalist(j)]=FORM(RSCoef)
29           yd
30           Betaerr=abs(betalist(j)-betalist(j-1));
31       end
32       j=j+1;
33   end
34   beta=betalist(end)
35   pf=normcdf(-beta,0,1)
```

该问题中的设计取样点 k 为三维变量,功能函数的响应根据例 3.2 的思路,可利用 getG. m 计算。

代码 6.9　自定义函数 getG.m 计算条形基础问题

```
1    function [Gx]=getG(x)
2    load Pra B D_f gamma
3    c=x(1);
4    phi=x(2);
5    N_q=(tan(pi/4+ 0.5*phi*pi/180))^2*exp(pi*tan(phi*pi/180));
6    N_gamma=1.8*(N_q-1)*tan(phi*pi/180);
7    N_c=(N_q-1)*cot(phi*pi/180);
8    q_ult=0.5*gamma*B*N_gamma+ c*N_c+gamma*D_f*N_q;
9    Gx=q_ult-x(3);
10   end
```

运行以上代码计算得可靠度指标 $\beta = 0.73$,失效概率 $p_f = 23.36\%$。

6.3.3　无限长边坡问题

扫描二维码获
取本算例代码

【例6.3】　在例3.3的基础上,利用响应面法求解无限长边坡可靠度
问题。

解：在MATLAB软件中通过以下代码实现。

代码6.10　在MATLAB中使用响应面法求解无限长边坡问题

```
1    clear
2    clc
3    gamma_s=19.8;
4    gamma=17;
5    gamma_w=9.8;
6    delta=35*pi/180;
7    xmean=[10 38 0.5 3 0.02];
8    xsd=[2 2 0.05 0.6 0.07];
9    covx=xsd./xmean;
10   xr=eye(5);
11   save Pra gamma_s gamma gamma_w delta xmean xsd covx xr
12   % 设计点搜寻起点
13   yc=[0 0 0 0 0];
14   m=2;
15   betalist=[];
16   [RSCoef,ycl0,Gycl0]=getRSCoef(yc,m) % getRSCoef
17   Betaerr=10;
18   j=1;
19   while Betaerr> 0.01
20       if j==1
21           [yd,betalist(j)]=FORM(RSCoef); % FORM
22           ycl=ycl0;
23           Gycl=Gycl0;
24       else
25           yc =getyc(yd,ycl,Gycl); % getyc
26           [RSCoef,ycl,Gycl]=getRSCoef(yc,m);
27           RSCoef
28           [yd,betalist(j)]=FORM(RSCoef)
29           yd
30           Betaerr=abs(betalist(j)-betalist(j-1));
31       end
```

```
32      j=j+1;
33  end
34  beta=betalist(end)
35  pf=normcdf(-beta,0,1)
```

该问题中的设计取样点 k 为五维变量,功能函数的响应根据例 3.3 的思路,可利用 getG.m 计算。

代码 6.11 自定义函数 getG.m 计算无限长边坡问题

```
1   function [Gx]=getG(x)
2   load Pra gamma_s gamma gamma_w delta
3   c=x(1);
4   phi=x(2)*pi/180;
5   m1=x(3);
6   h=x(4);
7   epsilon=x(5);
8   h_w=m1*h;
9   Gx=(c+((gamma*(h-h_w)+(gamma_s-gamma_w)*h_w)*...
10      (cos(delta))^2 *tan(phi)))/...
11      ((gamma* (h- h_w)+gamma_s*h_w)*...
12      sin(delta) *cos(delta)) ...
13      +epsilon-1;
```

运行以上代码计算得可靠度指标 $\beta=1.67$,失效概率 $p_f=4.73\%$。

6.4　复杂岩土及地质工程问题的响应面法可靠度分析

6.4.1　浅基础沉降问题

【例 6.4】　在例 3.4 的基础上,利用响应面法对浅基础沉降问题进行可靠度分析求解。

扫描二维码获取本算例代码

解: 首先在 MATLAB 中输入有关变量 y 及其概率信息,并存储在文件 Pra.mat 中。假设步长 $m=2$,取样中心 $y_c=(0,0)$,如代码 6.12 所示。

代码 6.12　定义例 6.4 中变量及其概率信息

```
1   format compact
2   lim=0.1;
```

```
3    xmean=[15e6 0.5];
4    covx=[0.3 0.15];
5    xsd=xmean.*covx;
6    xr=eye(length(xmean));
7    save Pra lim xmean xr covx xsd
8    % 设计点搜寻起点
9    yc=[0 0];
10   m=2;
```

在此基础上,需要利用样本点的数值响应构建响应面函数。由于样本点间互不关联,响应值可利用 MATLAB 并行调用 FLAC^{3D} 执行 shallowfoundation_par. f3dat 来获取。相关 MATLAB 函数 CallFLAC_par. m 的定义,请参考代码 2.17。在本例中,将代码 6.2 中第 10~13 行改为代码 6.13,即可形成基于数值响应构建响应面函数的 MATLAB 函数 getRSCoef_nu. m。

代码 6.13 getRSCoef_nu.m 函数中计算例 6.4 中的响应值
```
1    parfor k=1:(1+2*length(xmean))
2      [res(k,:),Gy(k,:)]=CallFLAC_par(k,ysamples(k,:))
3    end
```

代码 6.5 定义的用于获取取样点中心处响应的 getyc. m 函数,也应根据数值响应进行修改。虽然这里只需要进行一次数值计算,但是在采用了并行计算的情况下,为了避免冗余的计算程序文件,这里依然利用 MATLAB 函数 CallFLAC_par. m 进行修改,令 $k=1$ 即可,如代码 6.14 所示。

代码 6.14 getyc.m 函数中计算例 6.4 中的响应值
```
1    [~,Gyd]=CallFLAC_par(1,yd);
```

得到响应面函数后,即可通过代码 6.3 计算可靠度指标 β。设初始 $\beta_0=10$,如代码 6.15 所示。

代码 6.15 对算例 6.4 进行迭代计算可靠度指标
```
1    betalist=[];
2    [RSCoef,ycl0,gycl0]=getRSCoef(yc,m); % getRSCoef
3    Betaerr=10;
4    j=1;
5    while Betaerr>0.01
6        if j==1
```

```
7        [yd,betalist(j)]=FORM(RSCoef); % FORM
8        ycl=ycl0;
9        gycl=gycl0;
10   else
11       yc =getyc(yd,ycl,gycl) % getyc
12       [ RSCoef,ycl,gycl ]=getRSCoef( yc,m );
13       RSCoef
14       [yd,betalist(j)]=FORM(RSCoef)
15       Betaerr=abs(betalist(j)-betalist(j-1));
16   end
17   j=j+1;
18 end
19 beta=betalist(end)
20 pf=normcdf(-beta,0,1)
```

计算得到可靠度指标 β 为 0.37，失效概率 $p_f = 35.56\%$，此时的设计点 $\boldsymbol{y}_d$ 为 $[-0.37 \quad -0.00]$，利用 FLAC^{3D} 的位移云图可以观察到浅基础模型的临界破坏模式（图 6-4）。

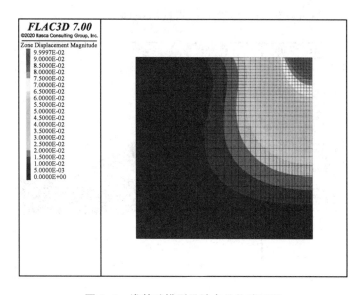

图 6-4　浅基础模型设计点处位移云图

6.4.2　边坡稳定性问题

【例 6.5】　在例 3.5 的基础上，采用响应面法对边坡稳定性问题进行可靠度分析求解。

解：首先在 MATLAB 中输入有关变量 $\boldsymbol{y}$ 及其概率信息，并存储在文

扫描二维码获取本算例代码

件 Pra. mat 中。假设步长 $m=2$，取样中心 $\mathbf{y}_c$ 为 $(0,0)$，如代码 6.16 所示。

```
代码6.16   定义例6.5中变量及其概率信息
1    format compact
2    lim=1;
3    xmean=[5e3 15];
4    covx=[0.3 0.2];
5    xsd=xmean.* covx;
6    xr=eye(length(xmean));
7    save Pra lim xmean xr covx xsd
8    % 设计点搜寻起点
9    yc=[0 0];
10   m=2;
```

接着通过代码 6.2 以及代码 6.13，构建响应面函数。得到响应面函数后，即可通过代码 6.3 计算可靠度指标 β。为确保结果准确性，利用代码 6.15 进行迭代计算，设初始 $\beta_0=10$。通过 X 步迭代，计算得到设计点 $\mathbf{y}_d$ 为 $[-0.53 \quad -0.564]$，可靠度指标 $\beta=0.77$，对应由式（1-30）计算得到失效概率 $p_f=1.98\%$。将设计点导入 $FLAC^{3D}$，利用最大剪应变增量云图（图 6-5），可以得到该边坡的代表性滑动面。

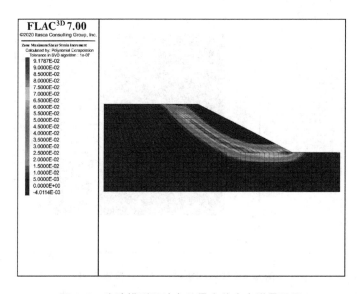

图 6-5　边坡模型设计点处最大剪应变增量云图

6.4.3　盾构隧道收敛变形问题

【例 6.6】　在例 3.6 的基础上，利用响应面法对盾构隧道收敛问题进行可靠度分析求解。

扫描二维码获取本算例代码

解：首先在 MATLAB 中输入有关变量 y 及其概率信息，并存储在文件 Pra. mat 中。假设步长 $m=2$，取样中心 $y_c=(0,0)$，如代码 6.17 所示。

代码 6.17　定义例 6.6 中变量及其概率信息

```
1    format compact
2    lim=0.004*6.2;
3    xmean=[10e6 0.6];
4    covx=[0.3 0.15];
5    xsd=xmean.*covx;
6    xr=eye(length(xmean));
7    save Pra lim xmean xr covx xsd
8    % 设计点搜寻起点
9    yc=[0 0];
10   m=2;
```

接着通过代码 6.2 以及代码 6.13 构建响应面函数。得到响应面函数后，即可通过代码 6.3 计算可靠度指标 β。为确保结果准确性，利用代码 6.15 进行迭代计算，设初始 $\beta_0=10$。计算得 $\beta=0.44$，$p_f=32.92\%$ 此时 $y_d=[-0.17 \quad -0.41]$。利用 FLAC^{3D} 云图可以观察到隧道衬砌受力后的位移和变形，隧道衬砌受力前后对比见图 6-6。

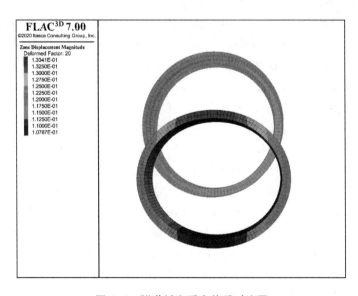

图 6-6　隧道衬砌受力前后对比图

6.5　小结

本章详细介绍了岩土及地质工程可靠度分析中的响应面法。响应面方法在边坡稳定性分析及支护工程（如 Li 等[2]；Zhang 等[3]；Zhou 等[4]；Zhao 等[5]）、隧道及地下工程（如 Mollon 等[6]；Lü 和 Low[7]；Lü 等[8]）、基础工程分析（Youssef 等[9]；Zhang 等[10]）等领域获得了广泛的应用。除二次多项式外，已有文献对其他类型的响应面进行了研究。例如，Li 等[11]给出了涉及任意数量随机变量的四阶到六阶 Hermite 多项式混沌展开的闭式表达式，并使用随机响应面方法对可靠性问题进行求解；Chan 和 Low[12]利用一阶响应面获得设计点，并利用神经网络模型在设计点处构建系统性能函数；Zhao 等[13]提出了一种基于最小二乘支持向量机的响应面方法来获得极限状态函数，并结合一阶可靠性方法对隧道可靠性进行分析。近年来，随着人工智能、机器学习算法的兴起，人们对非线性功能函数的近似能力不断提高，响应面法在岩土及地质工程可靠度分析领域正面临着全新的发展机遇和广阔的应用前景。

参考文献

[1] Bucher C, Bourgund U. A fast and efficient response surface approach for structural reliability problems[J]. Structural Safety, 1990. 7(1)：57-66.

[2] Li D Q, Jiang S H, Cao Z J, et al. A multiple response-surface method for slope reliability analysis considering spatial variability of soil properties[J]. Engineering Geology, 2015，187：60-72.

[3] Zhang J, Wang H, Huang H W, et al. System reliability analysis of soil slopes stabilized with piles[J]. Engineering geology, 2017，229：45-52.

[4] Zhou Z, Li D Q, Xiao T, et al. Response Surface Guided Adaptive Slope Reliability Analysis in Spatially Varying Soils[J]. Computers and Geotechnics, 2021，132：103966.

[5] Zhao J, Duan X, Ma L, et al. Importance sampling for system reliability analysis of soil slopes based on shear strength reduction［J］. Georisk：Assessment and Management of Risk for Engineered Systems and Geohazards, 2021，15(4)：287-298.

[6] Mollon G, Dias D, Soubra A H. Probabilistic analysis of circular tunnels in homogeneous soil using response surface methodology ［J］. Journal of Geotechnical and Geoenvironmental Engineering, 2009，135(9)：1314-1325.

[7] Lü Q, Low B K. Probabilistic analysis of underground rock excavations using response surface method and SORM[J]. Computers and Geotechnics, 2011，38(8)：1008-1021.

[8] Lü Q, Xiao Z P, Ji J, et al. Reliability based design optimization for a rock tunnel support system with multiple failure modes using response surface method[J]. Tunnelling and Underground Space Technology, 2017，70：1-10.

[9] Youssef Abdel Massih D S, Soubra A H. Reliability-based analysis of strip footings using response surface methodology[J]. International Journal of Geomechanics, 2008，8(2)：134-143.

[10] Zhang J, Chen H Z, Huang H W, et al. Efficient response surface method for practical geotechnical reliability analysis[J]. Computers and Geotechnics, 2015，69：496-505.

[11] Li D, Chen Y, Lu W, et al. Stochastic response surface method for reliability analysis of rock slopes involving correlated non-normal variables[J]. Computers and Geotechnics, 2011，38(1)：

58-68.

[12] Chan C L，Low B K. Probabilistic analysis of laterally loaded piles using response surface and neural network approaches[J]. Computers and Geotechnics，2012，43：101-110.

[13] Zhao H，Ru Z，Chang X，et al. Reliability analysis of tunnel using least square support vector machine[J]. Tunnelling and Underground Space Technology，2014，41：14-23.

第7章

蒙特卡罗法

7.1 引言

根据大数定律,某事件的概率可以通过大量试验中该事件所发生的频率进行估算,当样本的容量足够大时,该事件发生的频率趋近于该事件的概率。基于上述思想,蒙特卡罗法通过生成大量极限功能函数的样本,通过样本的分布对失效概率进行分析。在复杂岩土及地质工程可靠度分析中,首先需要生成随机变量的样本,然后将随机变量的样本输入数值分析程序获得功能函数的样本,再通过统计失效样本占总样本的比例,从而估算失效概率。本章将对蒙特卡罗法进行详细介绍。

7.2 蒙特卡罗法基本原理

根据概率论中的大数定律,若有来自同一总体且有相同分布的 n 个相互独立的随机样本 $x_1, x_2, \cdots, x_n$,它们具有相同的有限均值 μ 和方差 σ_Z,则对于任意的 $\varepsilon > 0$,有:

$$\lim_{n \to \infty} P\left\{ \left| \frac{1}{n} \sum_{i=1}^{n} x_i - \mu \right| < \varepsilon \right\} = 1 \tag{7-1}$$

式(7-1)表明样本均值是依概率收敛于总体的均值 μ。

另外,设随机事件 A 发生的概率为 $P(A)$,在 n 次独立试验中,事件 A 发生的频数为 m,则随机事件 A 发生的频率 $W(A) = m/n$,对于任意 $\varepsilon > 0$,有:

$$\lim_{n \to \infty} P\left\{ \left| \frac{m}{n} - P(A) \right| < \varepsilon \right\} = 1 \tag{7-2}$$

式(7-2)表明事件发生的频率是依概率收敛于事件发生的概率。

蒙特卡罗法的理论依据就是上述两条大数定律:样本均值依概率收敛于总体均值,以及事件发生的频率依概率收敛于事件发生的概率。

设结构的功能函数为

$$Z = g(\boldsymbol{x}) = g(x_1, x_2, \cdots, x_n) \tag{7-3}$$

则极限状态方程 $g(x_1, x_2, \cdots, x_n) = 0$ 将结构的基本变量空间分为失效区域和可靠区域两部分,失效概率 p_f 可表示为

$$p_f = \int \cdots \int_{g(x) \leqslant 0} f_X(x_1, x_2, \cdots, x_n) \mathrm{d}x_1 \mathrm{d}x_2 \cdots \mathrm{d}x_n \tag{7-4}$$

式中,$f_X(x_1, x_2, \cdots, x_n)$ 是基本随机变量 $x = (x_1, x_2, \cdots, x_n)^{\mathrm{T}}$ 的联合概率密度函数。

若各基本变量是相互独立的,则有:

$$p_f = \int \cdots \int_{g(x) \leqslant 0} f_{X_1}(x_1) f_{X_2}(x_2) \cdots f_{X_n}(x_n) \mathrm{d}x_1 \mathrm{d}x_2 \cdots \mathrm{d}x_n \tag{7-5}$$

式中,$f_{Xi}(x_i)$ $(i = 1, 2, \cdots, n)$ 为随机变量 x_i 的概率密度函数。

通常,式(7-4)和式(7-5)只在少数情况(如线性功能函数和正态基本变量情况)下能够得出解析的积分结果。对于一般的多维数问题及复杂积分域或隐式积分域问题,失效概率的积分式很难获得解析解。此时,采用蒙特卡罗法可规避这个问题。只要基本变量的样本量足够大,蒙特卡罗法无需解析解也能获得足够精度的结果。蒙特卡罗法求解失效概率 p_f 的思路是:由基本随机变量的联合概率密度函数 $f_X(x)$ 产生 N 个基本变量的随机样本 $x_j (j = 1, 2, \cdots, N)$,将这 N 个随机样本代入功能函数 $g(x)$,统计落入失效域 $F = \{x : g(x) \leqslant 0\}$ 的样本点数 N_f,用失效发生的频率 N_f/N 近似代替失效概率 p_f,就可以近似得出失效概率估计值 $\hat{p}_f$。

上述思路可以写作一个失效概率的精确表达式。其中基本变量的联合概率密度函数在失效域中的积分,可以改写为失效域指示函数 $I_F(x)$ 的数学期望形式,如下所示:

$$
\begin{aligned}
p_f &= \int \cdots \int_{g(x) \leqslant 0} f_X(x_1, x_2, \cdots, x_n) \mathrm{d}x_1 \mathrm{d}x_2 \cdots \mathrm{d}x_n \\
&= \int \cdots \int_{R^n} I_F(x) f_X(x_1, x_2, \cdots, x_n) \mathrm{d}x_1 \mathrm{d}x_2 \cdots \mathrm{d}x_n \\
&= E[I_F(x)]
\end{aligned} \tag{7-6}
$$

式中,$I_F(x)$ 为失效域的指示函数:

$$I_F(x) = \begin{cases} 1, & x \in F \\ 0, & x \notin F \end{cases} \tag{7-7}$$

式(7-6)表明,失效概率为失效域指示函数的数学期望,根据大数定律,失效域指示函数的数学期望可以由失效域指示函数的样本均值来近似。

以随机变量的联合概率密度函数 $f_X(x)$ 抽取 N 个样本 $x_j (j = 1, 2, \cdots, N)$,落入失效域 F 内样本点的个数 N_f 与总样本点的个数 N 之比即为失效概率的估计值 $\hat{p}_f$,即:

$$\hat{p}_f = \frac{1}{N} \sum_{j=1}^{N} I_F(x_j) = \frac{N_f}{N} \tag{7-8}$$

对式(7-8)两边求数学期望,可得失效概率估计值 $\hat{p}_f$ 的期望 $E[\hat{p}_f]$ 如下所示:

$$E[\hat{p}_f] = E\left[\frac{1}{N}\sum_{j=1}^{N}I_F(\boldsymbol{x}_j)\right] \tag{7-9}$$

由于样本 $\boldsymbol{x}_j$ 与总体 $\boldsymbol{x}$ 独立同分布,所以有:

$$E[\hat{p}_f] = \frac{1}{N}E\sum_{j=1}^{N}[I_F(\boldsymbol{x}_j)] = E[I_F(\boldsymbol{x}_j)] = E[I_F(\boldsymbol{x})] = p_f \tag{7-10}$$

由上式可知,$E[\hat{p}_f] = p_f$,即 $\hat{p}_f$ 为 p_f 的无偏估计。

在数字模拟的过程中,以指示函数 $I_F(\boldsymbol{x})$ 的样本均值 $\bar{I}_F$ 近似代替 $E[I_F(\boldsymbol{x})]$,则失效概率估计值 $\hat{p}_f$ 的期望可近似表达为

$$E[\hat{p}_f] \approx \bar{I}_F = \frac{1}{N}\sum_{j=1}^{N}I_F(\boldsymbol{x}_j) = \hat{p}_f \tag{7-11}$$

失效概率估计值 $\hat{p}_f$ 的方差 $Var[\hat{p}_f]$ 可通过对式(7-8)两边求方差得到:

$$Var[\hat{p}_f] = Var\left[\frac{1}{N}\sum_{j=1}^{N}I_F(\boldsymbol{x}_j)\right] = \frac{1}{N^2}\sum_{j=1}^{N}Var[I_F(\boldsymbol{x}_j)] \tag{7-12}$$

由于样本 $\boldsymbol{x}_j$ 与总体 $\boldsymbol{x}$ 独立同分布,所以有:

$$Var[\hat{p}_f] = \frac{1}{N}Var[I_F(\boldsymbol{x}_j)] = \frac{1}{N}Var[I_F(\boldsymbol{x})] \tag{7-13}$$

又由于样本方差依概率收敛于总体方差,所以可以用 $I_F(\cdot)$ 的样本方差代替变量方差 $Var[I_F(\boldsymbol{x})]$,即有:

$$
\begin{aligned}
Var[I_F(\boldsymbol{x})] &\approx \frac{1}{N}\left[\sum_{j=1}^{N}I_F^2(\boldsymbol{x}_j) - N\bar{I}_F^2\right] \\
&= \frac{N}{N}\left\{\frac{1}{N}\sum_{j=1}^{N}I_F^2(\boldsymbol{x}_j) - \left[\frac{1}{N}\sum_{k=1}^{N}I_F(\boldsymbol{x}_k)\right]^2\right\} \\
&= \frac{1}{N}\sum_{j=1}^{N}I_F(\boldsymbol{x}_j) - \hat{p}_f^2 \\
&= \hat{p}_f - \hat{p}_f^2
\end{aligned}
\tag{7-14}
$$

将式(7-14)代入式(7-13),可得到失效概率估计值的方差估计为

$$Var[\hat{p}_f] \approx \frac{1}{N}(\hat{p}_f - \hat{p}_f^2) \tag{7-15}$$

进而得到估计值 $\hat{p}_f$ 的变异系数 $Cov[\hat{p}_f]$ 为

$$Cov[\hat{p}_f] = \frac{\sqrt{Var[\hat{p}_f]}}{E[\hat{p}_f]} = \sqrt{\frac{1-\hat{p}_f}{N\hat{p}_f}} \tag{7-16}$$

根据概率论中的强大数定律,随机模拟蒙特卡罗法的估计值 $\hat{p}_f$ 依概率收敛于 p_f,即 $\hat{p}_f$ 满足:

$$P\left(\lim_{N\to\infty}\hat{p}_f=p_f\right)=1 \tag{7-17}$$

按照中心极限定理,对于任意 $x>0$,有:

$$\lim_{N\to\infty}P\left(\frac{\sqrt{N}}{\sigma}\mid\hat{p}_f-p_f\mid<x\right)=\frac{1}{\sqrt{2\pi}}\int_{-x}^{x}e^{-\frac{1}{2}x^2}\mathrm{d}x \tag{7-18}$$

因此,当 N 足够大时,可以认为近似等式成立:

$$P\left(\mid\hat{p}_f-p_f\mid<\frac{x_a\sigma}{\sqrt{N}}\right)\approx\frac{1}{\sqrt{2\pi}}\int_{-x_a}^{x_a}e^{-\frac{1}{2}x^2}\mathrm{d}x=1-\alpha \tag{7-19}$$

式中,α 为置信度,$1-\alpha$ 为置信水平。于是,可以根据问题的要求确定置信水平,利用正态分布表来确定 x_a,从而得到蒙特卡罗估计 $\hat{p}_f$ 与真值 p_f 之间的误差:

$$\mid\hat{p}_f-p_f\mid<\frac{x_a\sigma}{\sqrt{N}} \tag{7-20}$$

通常取 x_a 为 0.674 5,1.96 或 3,相应的置信水平依次为 0.5,0.95 或 0.997。

根据式(7-20),蒙特卡罗法的收敛速度为 $N^{-1/2}$。为使收敛精度提高至原来的 2 倍,需将 N 增加到 $4N$。而当失效概率本身较小时,同样需要数量较大的样本。因此,在失效概率较小和计算精度要求比较高的情况下,直接应用蒙特卡罗法计算失效概率会变得比较困难。不少学者提出了保证计算精度且降低抽样模拟次数的方差缩减技术,例如重要性抽样法、方向抽样法、线抽样法以及子集模拟法等。其中较受关注的重要性抽样法和子集模拟法,将在本书第 8 章和第 9 章中介绍。

7.3　有显式功能函数的可靠度问题

7.3.1　非线性功能函数算例

【例 7.1】　依据蒙特卡罗法求解例 3.1 中的非线性功能函数算例。

解: 根据上文介绍的蒙特卡罗原理,需要生成可靠度分析中随机变量的随机模拟样本。需要注意的是,x_1 和 x_2 各自的边缘分布为正态分布,它们的联合分布是多元正态分布,它们的相关系数 $\rho=-0.5$。因为 x_1 和 x_2 相关系数不为 0,所以它们不相互独立。在蒙特卡罗法中,如果多个随机变量的概率分布并不相互独立,则基于边缘分布生成的随机数不同于基于联合分布生成的随机数。如果 x_1 和 x_2 的随机数是独立生成的,所得随机样本一般不能表示 x_1 和 x_2 的联合分布。

扫描二维码获取本算例代码

本算例中，x_1 和 x_2 的相关系数 $\rho = -0.5$，则应根据它们的联合分布生成随机数模拟样本。对 x_1 和 x_2 的多元正态分布，其分布由均值向量和协方差矩阵确定。x_1 和 x_2 的均值向量可表示为

$$\boldsymbol{\mu}_x = \begin{pmatrix} \mu_1 \\ \mu_2 \end{pmatrix} = \begin{pmatrix} 1.0 \\ 2.0 \end{pmatrix}$$

x_1 和 x_2 的协方差矩阵可表示为

$$\boldsymbol{C}_x = \begin{pmatrix} \sigma_1^2 & \rho\sigma_1\sigma_2 \\ \rho\sigma_1\sigma_2 & \sigma_2^2 \end{pmatrix} = \begin{pmatrix} 4.0 & -2.0 \\ -2.0 & 4.0 \end{pmatrix}$$

计算得到均值向量和协方差矩阵后，即可生成相应的多元随机向量，向量中的对应元素即为所求变量的随机数。在 MATLAB 软件中，可使用代码 7.1 来生成 x_1 和 x_2 联合分布的随机数。其中第 1 行的 N 为生成模拟随机数的数目，即蒙特卡罗模拟的次数。

代码 7.1 在 MATLAB 中生成 x_1 和 x_2 的联合分布的随机数

```
1    N=100000;
2    x_m =[1 2];
3    x_sd =[2 2];
4    xr=[1,- 0.5;- 0.5,1];
5    Cx=(transpose(x_sd)*x_sd).*xr;
6    x=mvnrnd(x_m,Cx,N);
7    x_1=x(:,1);
8    x_2=x(:,2);
9    % 绘出散点图和理论等概率密度线:
10   figure(1)
11   hold on
12   scatter(x_1,x_2,10,'ko','MarkerFaceColor','k', ...
13   'MarkerFaceAlpha',0.25,'MarkerEdgeColor','none')
14   [X,Y] =meshgrid([-20:0.1:20],[-20:0.1:20]);
15   Z=mvnpdf([X(:) Y(:)],x_m,Cx);
16   Z=reshape(Z,size(X,1),size(X,2));
17   contour (X,Y,Z,[min(min(Z))+0.0005:0.1*(max(max(Z))- ...
18   min(min(Z))):max(max(Z))],...
19   'g- ','Linewidth',1,'Color',[0.45,0.7,1])
20   xlabel ('\fontname{Times} {\itx}_1');
21   ylabel ('\fontname{Times} {\itx}_2');
22   axis([-10 10 -10 10])
23   l=legend('\fontname{宋体}模拟数据点 ', ...
24   '\fontname{宋体}理论等概率密度线 ');
```

上面代码生成的随机数的散点图和理论等概率密度线如图 7-1 所示。

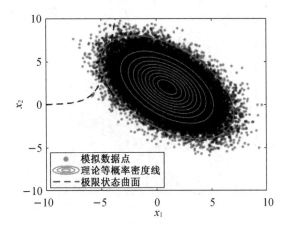

图 7-1　算例样本的散点图和理论等概率密度线

代码7.2　在 MATLAB 中分别绘制 x_1 和 x_2 分布直方图和理论概率密度曲线

```
1    % 生成 x₁ 频数分布直方图和理论概率密度曲线:
2    figure(2)
3    hold on
4    x_pdf=-10:0.1:10;
5    y_pdf1=normpdf(x_pdf,x_m(1),x_sd(1));
6    h=histogram(x_1,[- 10:1:10]);
7    h.Normalization='pdf';
8    plot(x_pdf,y_pdf1,'k-','Linewidth',1.5)
9    xlabel ('\fontname{Times} {\itx}_1');
10   ylabel('\fontname{宋体}频率/组距');
11   l=legend('\fontname{宋体}直方图 ','\fontname{Times}PDF');
12   % 生成 x₂ 频数分布直方图和理论概率密度曲线:
13   figure(3)
14   hold on
15   y_pdf2=normpdf(x_pdf,x_m(2),x_sd(2));
16   h=histogram(x_2,[-10:1:10]);
17   h.Normalization='pdf';
18   plot(x_pdf,y_pdf2,'k-','Linewidth',1.5)
19   xlabel ('\fontname{Times} {\itx}_2');
20   ylabel('\fontname{宋体}频率/组距');
21   l=legend('\fontname{宋体}直方图 ','\fontname{Times}PDF');
```

代码 7.2 生成的随机数的直方图和理论概率密度曲线如图 7-2、图 7-3 所示。

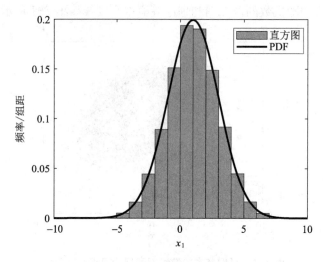

图 7-2 x_1 频数分布直方图

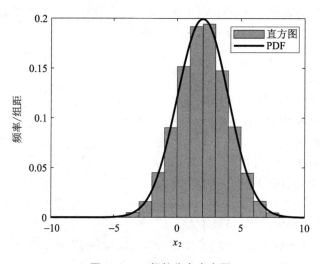

图 7-3 x_2 频数分布直方图

　　将根据代码 7.1 生成的 x_1 和 x_2 联合分布的随机数代入功能函数中,若功能函数计算结果 $y<0$,则将 I 记为 1,否则将 I 记为 0,在 MATLAB 中计算失效概率 p_f、可靠度指标 β 以及变异系数,如代码 7.3 所示。其中第 2 行($y<0$)为逻辑运算,即向量 $\mathbf{y}$ 中小于 0 的元素在向量 I 中对应位置为真,否则为假;第 3 行的计算中,I 中的逻辑值真将视为 1,逻辑值假将视为 0。

代码 7.3　在 MATLAB 中计算失效概率

```
1    y=exp(x(:,1)+ 6)-x(:,2);
2    I=(y<0);
3    pf_m=mean(I);
```

```
4    pf_cov=sqrt((1-pf_m)/(N*pf_m));
5    beta= - norminv(pf_m,0,1);
```

根据代码 7.3,当随机数为 10 万次时,失效概率 $p_f=0.33\%$,变异系数为 5.49%,可靠度指标 $\beta=2.72$。

从理论上来讲,抽样次数越多,精度越高,对于具体案例进行几十万次甚至上百万次的计算,其计算成本太高;但抽样次数过少,其误差过大也是工程分析中不能接受的。因此,必须针对具体问题选择适当的抽样次数。蒙特卡罗法的误差 ε 可用式(7-20)估计。给出置信度 $1-\alpha=0.95$ 时,$x_a=1.96$,则给出误差 $\varepsilon=1.96\sigma/(N^{-1/2})$。可以看出随着抽样次数的增加,失效概率值趋于一个稳定值,置信区间随之变窄,变异系数也随之降低。失效概率的置信区间和变异系数如图 7-4、图 7-5 所示。

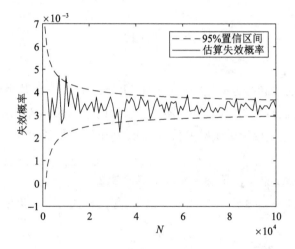

图 7-4　不同样本容量下失效概率和 95%置信区间

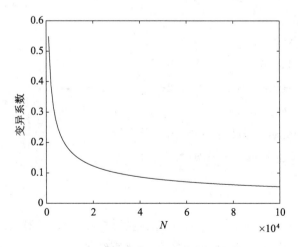

图 7-5　不同样本容量下失效概率的变异系数

7.3.2 条形基础问题

【例 7.2】 依据蒙特卡罗法求解例 3.2 中的条形基础可靠度问题。

解：可使用 MATLAB 生成的随机模拟值，先计算 $\ln c$、$\ln \varphi$ 和 $\ln q$ 的均值和标准差，进而得到它们的均值向量和协方差矩阵。 $\ln c$、$\ln \varphi$ 和 $\ln q$ 的均值向量可表示为

扫描二维码获取本算例代码

$$\ln \boldsymbol{\mu}_x = \begin{pmatrix} \ln \mu_1 \\ \ln \mu_2 \\ \ln \mu_3 \end{pmatrix} = \begin{pmatrix} 2.655 \\ 2.991 \\ 5.287 \end{pmatrix}$$

$\ln c$、$\ln \varphi$ 和 $\ln q$ 的协方差矩阵可表示为

$$\boldsymbol{C} = \begin{pmatrix} 0.105 & 0 & 0 \\ 0 & 0.010 & 0 \\ 0 & 0 & 0.022 \end{pmatrix}$$

计算得到均值向量和协方差矩阵后，进而利用 mvnrnd. m 函数生成 $\ln c$、$\ln \varphi$ 和 $\ln q$ 的随机数，最后将它们转化为 c、φ 和 q 即可。求解的 MATLAB 算法如代码 7.4 所示。其中第 1 行的 N 为生成模拟随机数的数目，即蒙特卡罗模拟的次数。

代码 7.4 在 MATLAB 中使用蒙特卡罗法求解例 3.2

```
1    % 计算 lnc、lnφ 和 lnq 的均值和标准差,得到均值向量和协方差矩阵
2    N=100000;
3    xmean =[15 20 200];
4    xsd =[5 2 30];
5    xr=eye(3);
6    covx=xsd./xmean;
7    slnx=sqrt(log(1+(covx.^2)));
8    mlnx=log(xmean)-0.5*slnx.^2;
9    Clnx=(slnx'* slnx).*xr;
10   Cx=(transpose(xsd)*xsd).*xr;
11   x=exp(mvnrnd(mlnx,Clnx,N));
12   q=x(:,3);
```

将根据代码 7.4 生成的 x_1、x_2 和 x_3 的随机数依次代入计算极限承载力的函数 q_u. m 中，并计算条形基础的安全系数 $F_s(i)$，若计算结果 $F_s(i) < 1$，则将 $I(i)$ 赋值为 1，否则将 $I(i)$ 赋值为 0，计算失效概率代码如下。

代码7.5 在MATLAB中计算失效概率

```
1  q_ult=q_u(x);
2  Fs=q_ult./q;
3  I=(Fs<1);
4  pf_m =mean(I)
5  pf_cov=sqrt((1-pf_m)/(N*pf_m))
6  beta=-norminv(pf_m,0,1);
```

代码7.5中第1行使用的计算条形基础极限承载力的函数 q_u.m 的定义如代码7.6所示。

代码7.6 在MATLAB中定义的条形基础极限承载力的函数 q_u.m

```
1   function [q_ult] =q_u(x)
2   B=1.5;
3   D_f=0;
4   gamma=17;
5   D_f=0;
6   c=x(:,1);
7   phi=x(:,2);
8   N_q=(tan(pi/4+0.5*phi*pi/180)).^2.*exp(pi*tan(phi*pi/180));
9   N_gamma= 1.8*(N_q-1).*tan(phi*pi/180);
10  N_c=(N_q-1).*cot(phi*pi/180);
11  q_ult=0.5*gamma*B*N_gamma+c.*N_c+gamma*D_f*N_q;
```

根据以上代码,当随机数模拟 10 万次时,失效概率 $p_f = 21.99\%$,变异系数为 0.60%,可靠度指标 $\beta = 0.77$。

7.3.3 无限长边坡问题

【例7.3】 依据蒙特卡罗法求解例 3.3 中的无限长边坡可靠度问题。

解: 可使用 MATLAB 生成的随机模拟值,先计算各变量的均值和标准差,得到它们的均值向量和协方差矩阵。均值向量可表示为

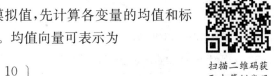

扫描二维码获取本算例代码

$$\boldsymbol{\mu}_x = \begin{pmatrix} \mu_1 \\ \mu_2 \\ \mu_3 \\ \mu_4 \\ \mu_5 \end{pmatrix} = \begin{pmatrix} 10 \\ 38 \\ 0.5 \\ 3 \\ 0.02 \end{pmatrix}$$

协方差矩阵可表示为

$$C_x = \begin{pmatrix} 4 & 0 & 0 & 0 & 0 \\ 0 & 4 & 0 & 0 & 0 \\ 0 & 0 & 0.0025 & 0 & 0 \\ 0 & 0 & 0 & 0.36 & 0 \\ 0 & 0 & 0 & 0 & 0.0049 \end{pmatrix}$$

计算得到均值向量和协方差矩阵后,进而利用 mvnrnd.m 函数生成黏聚力 c、内摩擦角 φ、土层总厚度 h、饱和土层厚度与土层厚度的比值 m 和模型误差 ε 随机数。求解例 3.3 的 MATLAB 算法如代码 7.7 所示。其中第 1 行的 N 为生成模拟随机数的数目,即蒙特卡罗模拟的次数。

代码 7.7　在 MATLAB 中使用蒙特卡罗法求解例 3.3

```
1    N=100000;
2    xmean =[10 38 0.5 3 0.02];
3    xsd =[2 2 0.05 0.6 0.07];
4    xr=eye(5);
5    Cx=(transpose(xsd)*xsd).*xr;
6    x=mvnrnd(xmean,Cx,N);
```

将根据代码 7.7 生成的 x_1、x_2、x_3、x_4 和 x_5 的随机数依次代入计算无限长边坡模型功能函数的函数 g_fun.m 中,并计算条形基础的安全系数 $F_s(i)$,若计算结果 $F_s(i) <$ 1,则将 $I(i)$ 记为 1,否则将 $I(i)$ 记为 0,计算失效概率代码如下。

代码 7.8　在 MATLAB 中计算失效概率

```
1    G=g_fun(x);
2    I=(G< 0);
3    pf_m=mean(I)
4    pf_cov=sqrt((1-pf_m)/(N*pf_m))
5    beta=-norminv(pf_m,0,1)
```

代码 7.8 中第 1 行定义的计算无限长边坡模型功能函数的函数 g_fun.m 如代码 3.6 所示。根据以上代码,当随机数为 10 万次时,失效概率 $p_f = 36.19\%$,变异系数为 0.42%,可靠度指标 $\beta = 0.35$。

7.4　复杂岩土及地质工程问题的蒙特卡罗法可靠度分析

7.4.1　浅基础沉降问题

【例 7.4】　在例 2.2 的基础上,采用蒙特卡罗法对例 3.4 浅基础沉降问题进行可靠度分析。

解:在 MATLAB 软件中,为了方便采用概率分析方法,主程序中实现在标准正态空间里抽取随机变量 y 的 1 000 个样本。其中第 1 行的 n 为生成模拟随机数的数目,即蒙特卡罗模拟的次数。

代码 7.9　在 MATLAB 中抽取标准正态空间中 1 000 个样本

```
1    n=1000;
2    ym=[0 0];
3    ysd=[1 1];
4    yr=[1 0; 0 1];
5    Cy=(ysd* transpose(ysd)).*yr;
6    y=mvnrnd(ym',Cy,n);
```

在计算资源充足的条件下,可执行并行计算以节约蒙特卡罗法的运算时间。将随机抽取的样本代入函数 CallFLAC_par.m(参考代码 2.17),可得到模型的变形值及功能函数,代码如下所示。

代码 7.10　在 MATLAB 中调用 FLAC^{3D}

```
1    gx=zeros(1,n);
2    parfor k=1:n
3        [gx(k),~]=CallFLAC_par(k,y(k,:));
4    end
```

通过计算得到功能函数,从而得到失效概率、变异系数以及可靠度指标。

代码 7.11　在 MATLAB 中计算失效概率

```
1    I=(gx<0);
2    pf_m=mean(I)
3    pf_cov=sqrt((1-pf_m)/(n*pf_m))
4    beta=-norminv(pf_m,0,1)
```

抽取样本是在标准正态空间中完成的,通过代码2.10所示的函数 getx_log. m,将本算例中的样本从正态空间转换至原空间。

本例计算的失效概率及其变异系数如图7-6、图7-7所示。当随机数1 000次时,失效概率 $p_f=36.20\%$,变异系数为 4.20%,可靠度指标 $\beta=0.35$。 可以看出,随着抽样次数的增加,浅基础的失效概率值趋于一个稳定值,置信区间随之变窄,变异系数也随之减小。

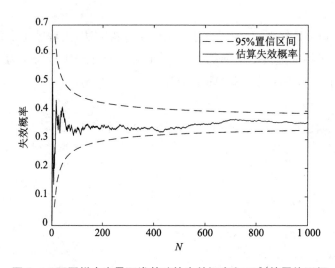

图 7-6　不同样本容量下浅基础的失效概率和 95% 的置信区间

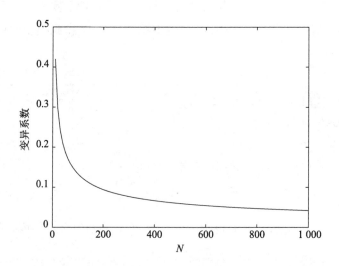

图 7-7　不同样本容量下浅基础失效概率的变异系数

7.4.2　边坡稳定性问题

【例 7.5】　在例 3.5 的基础上,采用蒙特卡罗法对边坡稳定性问题进行可靠度分析求解。

扫描二维码获
取本算例代码

解: 在 MATLAB 软件中读取本算例参数,如代码 3.10 所示。在 MATLAB 软件中,为了方便采用概率分析方法,主程序中实现在标准正态空间里抽取随机变量 y 的 1 500 个样本,代码如下所示。

代码 **7.12**　在 **MATLAB** 中抽取标准正态空间中 **1500** 个样本

```
1    n=1500;
2    ym=[0 0];
3    ysd=[1 1];
4    yr=[1 0; 0 1];
5    Cy=(ysd*transpose(ysd)).*yr;
6    y=mvnrnd(ym',Cy,n);
```

　　其中,第 1 行的 n 为生成模拟随机数的数目。随后可对样本的功能函数值进行并行计算。相关代码与代码 7.10 相同,但其中 MATLAB 函数 CallFLAC_par.m 与例 3.5 保持一致。随后可利用代码 7.11 计算失效概率、变异系数以及可靠度指标。为了降低数值计算时间,针对蒙特卡罗法的程序只需要判断边坡是否失稳,自定义的 MATLAB 函数 CallFLAC_par.m,相关代码与例 3.5 保持一致。

　　本例计算的失效概率及其变异系数如图 7-8、图 7-9 所示。当随机数为 1 500 次时,失效概率 $p_f = 19.13\%$,变异系数为 5.31%,可靠度指标 $\beta = 0.87$。可以看出,随着抽样次数的增加,浅基础的失效概率值趋于一个稳定值,置信区间随之变窄,变异系数也随之减小。

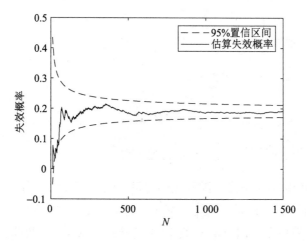

图 7-8　不同样本容量下边坡的失效概率和 95%置信区间

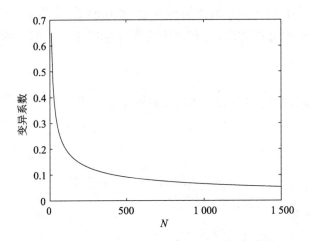

图 7-9　不同样本容量下边坡失效概率的变异系数

7.4.3　盾构隧道收敛变形问题

【例 7.6】　在例 3.6 的基础上,采用蒙特卡罗法对盾构隧道收敛问题进行可靠度分析求解。

解:在 MATLAB 软件中定义本算例的随机变量等基本参数,如代码 3.15 所示。为了方便采用概率分析方法,主程序中实现在标准正态空间里抽取随机变量 y,代码如下所示。

扫描二维码获取本算例代码

```
代码 7.13   在 MATLAB 中抽取标准正态空间中 1000 个样本
1    n=1000
2    lim=0.004*6.2;
3    xmean=[10e6 0.6];
4    covx=[0.3 0.15];
5    xr=eye(length(xmean));
6    ym=[0 0];
7    ysd=[1 1];
8    yr=[1 0; 0 1];
9    Cy=(ysd*transpose(ysd)).*yr;
10   y=mvnrnd(ym',Cy,n);
```

其中,第 1 行的 n 为生成模拟随机数的数目。同样可执行并行计算获得样本的功能函数值,代码与代码 7.10 相同。但其中 MATLAB 函数 CallFLAC_par.m 与例 3.6 保持一致。随后,可利用代码 7.11 计算失效概率、变异系数以及可靠度指标。

本例计算的失效概率及其变异系数如图 7-10、图 7-11 所示。当随机数为 1 000 次时,失效概率 $p_f = 30.60\%$,变异系数为 4.76%,可靠度指标 $\beta = 0.51$。可以看出,随着抽样次数的增加,隧道的失效概率值趋于一个稳定值,置信区间随之变窄,变异系数也随之减小。

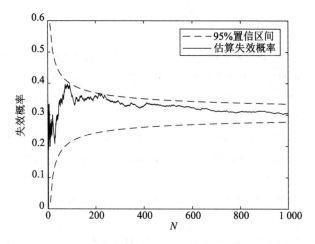

图 7-10　不同样本容量下隧道的失效概率和 95% 置信区间

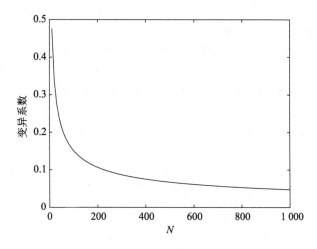

图 7-11　不同样本容量下隧道失效概率的变异系数

7.5　小结

本章介绍了岩土及地质工程可靠度分析的蒙特卡罗法。蒙特卡罗法在岩土及地质工程的可靠度分析中应用十分广泛,如边坡失效概率计算(如 Griffiths 和 Fenton[1];Cho[2,3];何淑军等[4];吴振君等[5];Yu 等[6];Li 等[7];张浮平等[8];Li 等[9];Cao 等[10])、隧道及其支护结构安全性分析(如 Lü 等[11];Huang 等[12];Yang 等[13];张晋彰等[14])、基础工程分析(如傅旭东和赵善锐[15];Fenton 和 Griffiths[16,17];Wang 等[18];Ahmed 等[19])等。蒙特卡罗法虽然原理简单、使用方便,但在解决小失效概率问题时具有计算量大的不足。为了提高蒙特卡罗法的计算效率,研究者们还提出了重要性抽样法[20]、子集抽样法[21]等其他方法。第 8 章和第 9 章将分别对重要性抽样法和子集模拟法进行介绍。

参考文献

[1] Griffiths D V, Fenton G A. Probabilistic slope stability analysis by finite elements[J]. Journal of Geotechnical & Geoenvironmental Engineering, 2004, 130(5): 507-518.

[2] Cho S E. Effects of spatial variability of soil properties on slope stability[J]. Engineering Geology, 2007, 92(3-4): 97-109.

[3] Cho S E. Probabilistic assessment of slope stability that considers the spatial variability of soil properties [J]. Journal of Geotechnical and Geoenvironmental Engineering, 2010, 136 (7): 975-984.

[4] 何淑军,张春山,吴树仁,等.基于蒙特卡罗法的多级黄土滑坡可靠性分析[J].地质通报,2008,27(11):1822-1831.

[5] 吴振君,王水林,葛修润.约束随机场下的边坡可靠度随机有限元分析方法[J].岩土力学,2009,30(10):3086-3092.

[6] Yu W, Cao Z, Au S K. Efficient Monte Carlo Simulation of parameter sensitivity in probabilistic slope stability analysis[J]. Computers and Geotechnics, 2010, 37(7-8):1015-1022.

[7] Li A J, Cassidy M J, Wang Y, et al. Parametric Monte Carlo studies of rock slopes based on the Hoek-Brown failure criterion[J]. Computers and Geotechnics, 2012, 45:11-18.

[8] 张浮平,曹子君,唐小松,等.基于蒙特卡罗模拟的高效边坡可靠度修正方法[J].工程力学,2016,33(7):55-64.

[9] Li L, Chu X. Locating the multiple failure surfaces for slope stability using Monte Carlo technique [J]. Geotechnical & Geological Engineering, 2016, 34(5):1475-1486.

[10] Cao Z J, Peng X, Li D Q, et al. Full probabilistic geotechnical design under various design scenarios using direct Monte Carlo simulation and sample reweighting[J]. Engineering Geology, 2019, 248: 207-219.

[11] Lü Q, Chan C L, Low B K. System reliability assessment for a rock tunnel with multiple failure modes[J]. Rock Mechanics and Rock Engineering, 2013, 46(4):821-833.

[12] Huang H W, Xiao L, Zhang D M, et al. Influence of spatial variability of soil Young's modulus on tunnel convergence in soft soils[J]. Engineering Geology, 2017, 228: 357-370.

[13] Yang X L, Zhou T, Li W T. Reliability analysis of tunnel roof in layered Hoek-Brown rock masses [J]. Computers and Geotechnics, 2018, 104: 302-309.

[14] 张晋彰,黄宏伟,张东明,等.考虑参数空间变异性的隧道结构变形分析简化方法[J].岩土工程学报,2022,44(1):134-143.

[15] 傅旭东,赵善锐.用蒙特卡罗(Monte-Carlo)方法计算岩土工程的可靠度指标[J].西南交通大学学报,1996,31(2):164-168.

[16] Fenton G A, Griffiths D V. Probabilistic foundation settlement on spatially random soil[J]. Journal of Geotechnical and Geoenvironmental Engineering, 2002, 128(5): 381-390.

[17] Fenton G A, Griffiths D V. Three-dimensional probabilistic foundation settlement[J]. Journal of

geotechnical and geoenvironmental engineering，2005，131(2)：232-239.

［18］ Wang Y，Cao Z，Au S K. Practical reliability analysis of slope stability by advanced Monte Carlo simulations in a spreadsheet［J］. Canadian Geotechnical Journal，2011，48(1)：162-172.

［19］ Ahmed A Y，Nowak A S，Szerszen M M. Reliability analysis for settlement of shallow bridge foundations［C］//IFCEE 2018. 2018：463-473.

［20］ Rubinstein R Y，Kroese D P. Simulation and the Monte Carlo method［M］. New York：John Wiley & Sons，Inc.，2016.

［21］ Au S K，Beck J L. Estimation of small failure probabilities in high dimensions by Subset Simulation［J］. Probabilistic Engineering Mechanics，2001；16(4)；263-277.

第 8 章

重要性抽样法

8.1　引言

传统蒙特卡罗法依据随机变量的联合概率密度函数进行抽样,通过失效样本的比例对失效概率进行估算。当失效概率较小以及精度要求较高时,传统蒙特卡罗法需进行大量抽样才能获得失效样本,往往导致计算效率较低。为了克服传统蒙特卡罗法的不足,重要性抽样法通过改变抽样方式来更高效地获得失效样本,进而提高失效概率的计算效率。本章将介绍重要性抽样法与其在复杂岩土及地质工程可靠度分析中的应用。

8.2　重要性抽样法基本原理

下面以对积分结果影响较大的区间抽到样本的概率较小的问题为例,如图 8-1 所示,$f(x)$ 为待求均值的函数,$p(x)$ 为随机变量 x 的概率密度函数。$f(x)$ 的均值可表示为

$$P = E_{p(x)}[f(x)] = \int f(x)p(x)\mathrm{d}x \tag{8-1}$$

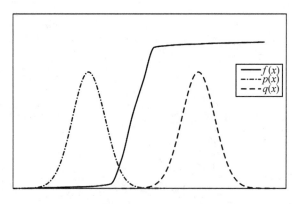

图 8-1　$f(x)$、$p(x)$、$q(x)$ 函数示意图

当直接采用蒙特卡罗法进行抽样时,根据概率密度函数 $p(x)$ 的分布可知抽得的样

本 x_1，…，x_n 多集中在 x 的均值点 u_x 附近，则估计值 $\hat{P}$ 可表示为

$$\hat{P} = \frac{1}{n} \sum_{i=1}^{n} f(x_i) \tag{8-2}$$

如果对应的 $f(x_1)$，…，$f(x_n)$ 对 $\hat{P}$ 的计算结果贡献较小，会使得估计值 $\hat{P}$ 与真实值 P 之间有较大的误差。可以通过扩大样本容量来减小这种误差，但同时也会降低计算效率。

利用重要性抽样的思想对式(8-1)进行变换，可表示为

$$E_{p(x)}\big[f(x)\big] = \int f(x)p(x)\mathrm{d}x = \int \frac{f(x)p(x)}{q(x)} q(x)\mathrm{d}x = E_{q(x)}\left[\frac{f(x)p(x)}{q(x)}\right] \tag{8-3}$$

式中　$q(x)$—— 重要性抽样概率密度函数；

　　　$p(x)/q(x)$—— 似然比函数，记作 $w(x)$，其保证重要性抽样估计是无偏的。

重要性抽样法通过合理选择概率密度函数 $q(x)$，使得在对式(8-2)的估计值影响较大的区间内取得更多的样本点，从而在减少样本数量的同时提高计算精度、降低计算方差、加快计算效率(Van Dijk 和 Kloek[1])。

若采用 $q(x)$ 进行抽样，其估计值 $\hat{P}$ 的均值可表示为

$$E_{q(x)}(\hat{P}) = E_{q(x)}\left[\frac{1}{n} \sum_{i=1}^{n} \frac{f(x_i)p(x_i)}{q(x_i)}\right] = \frac{1}{n} \cdot n \cdot E_{q(x)}\left[\frac{f(x)p(x)}{q(x)}\right] = P \quad (8\text{-}4)$$

若采用 $q(x)$ 进行抽样，其估计值 $\hat{P}$ 的方差可表示为

$$Var_{q(x)}(\hat{P}) = Var_{q(x)}\left[\frac{1}{n} \sum_{i=1}^{n} \frac{f(x_i)p(x_i)}{q(x_i)}\right]$$

$$= \frac{1}{n^2} \cdot n \cdot Var_{q(x)}\left[\frac{f(x)p(x)}{q(x)}\right] = \frac{1}{n} Var_{q(x)}\left[\frac{f(x)p(x)}{q(x)}\right] \quad (8\text{-}5)$$

其中：

$$Var_{q(x)}\left[\frac{f(x)p(x)}{q(x)}\right] = E_{q(x)}\left[\left(\frac{f(x)p(x)}{q(x)}\right)^2\right] - \left[E_{q(x)}\left(\frac{f(x)p(x)}{q(x)}\right)\right]^2 \quad (8\text{-}6)$$

将式(8-6)代入式(8-5)，得：

$$Var_{q(x)}(\hat{P}) \frac{1}{n}\left\{E_{q(x)}\left[\left(\frac{f(x)p(x)}{q(x)}\right)^2\right] - \left[E_{q(x)}\left(\frac{f(x)p(x)}{q(x)}\right)\right]^2\right\}$$

$$\approx \frac{1}{n}\left\{\frac{1}{n} \sum_{i=1}^{n}\left[\left(\frac{f(x_i)p(x_i)}{q(x_i)}\right)^2\right] - \hat{P}^2\right\} \tag{8-7}$$

由詹森不等式(Jensen[2])可知：

$$E_{q(x)}\left[\left(\frac{f(x)p(x)}{q(x)}\right)^2\right] \geqslant \left[E_{q(x)}\left(\frac{|f(x)|p(x)}{q(x)}\right)\right]^2 \tag{8-8}$$

Rubinstein 的研究分析表明,使得上述估计值 $\hat{P}$ 的方差最小的重要性抽样概率密度函数 $q(x)$ 表达式如下(Rubinstein 和 Kroese[3]):

$$q(x) = \frac{|f(x)|p(x)}{\int |f(x)|p(x)\mathrm{d}x} \tag{8-9}$$

使得:

$$E_{q(x)}\left[\left(\frac{f(x)p(x)}{q(x)}\right)^2\right] = \int \frac{f(x)^2 p(x)^2}{q(x)}\mathrm{d}x = \left[\int |f(x)|p(x)\mathrm{d}x\right]^2$$
$$= \left[E_{q(x)}\left(\frac{|f(x)|p(x)}{q(x)}\right)\right]^2 \tag{8-10}$$

当 $f(x) > 0$ 时,

$$Var(\hat{P}) = \frac{1}{n}Var_{q(x)}\left[\frac{f(x)p(x)}{q(x)}\right]$$
$$= \frac{1}{n}\left(\left[E_{q(x)}\left(\frac{f(x)p(x)}{q(x)}\right)\right]^2 - \left[E_{q(x)}\left(\frac{f(x)p(x)}{q(x)}\right)\right]^2\right) = 0 \tag{8-11}$$

由上述证明可知,当重要性抽样概率密度函数 $q(x)$ 与 $|f(x)|p(x)$ 之比为 $\int |f(x)|p(x)\mathrm{d}x$ 时,估计量的方差最小,且当 $f(x) > 0$ 时,估计量的方差等于 0。在实际应用中很难取到这样的 $q(x)$,因为比例系数 $\int |f(x)|p(x)\mathrm{d}x$ 是待求的未知量,不过我们可以从中得到一定的启发:取与 $|f(x)|p(x)$ 分布形状相似的 $q(x)$ 可以减小估计量的方差。

在众多重要性抽样概率密度函数 $q(x)$ 的构造方法中,以下两种方法常被采用。

(1)缩放变换法:通过将随机变量 x 乘以一个大于 1 的缩放因子 a 使得抽得的样本更多落入对计算结果影响较大的区间内,此时:

$$q(x) = \frac{1}{a}p\left(\frac{x}{a}\right) \tag{8-12}$$

(2)平移变换法:对概率密度函数的重心(如均值点)进行平移,使得在对计算结果影响较大的区间内抽得更多的样本,此时:

$$q(x) = p(x - c) \tag{8-13}$$

式中,c 是平移长度组成的向量。

重要性抽样法的效率常通过有效样本大小来衡量。有效样本可理解为能够使重要性抽样法中获得的估计效率相同,直接从目标分布中产生的独立样本的数量(Martino 等[4]):

$$n_{\text{ESS}} = \Big(\sum_{i=1}^{n} w_i\Big)^2 \Big/ \sum_{i=1}^{n} w_i^2 \qquad (8\text{-}14)$$

当权重 w_i 全部相等时，$n_{\text{ESS}} = n$。

8.3　重要性抽样实现过程

重要性抽样法流程如图 8-2 所示。

在运用重要性抽样法解决实际问题时主要包括以下几个步骤：

（1）构造重要性抽样概率密度函数。这里采用 Harbitz[5] 提出的基于验算点法的重要性抽样法，即将重要性抽样概率密度函数的中心放在验算点处，采用原不确定参数的方差。验算点的获取可参考第 5 章。

（2）基于重要性抽样概率密度函数抽取一定数量的随机变量样本 x_1, x_2, $\cdots$, x_n。

（3）将抽得的随机变量样本依次代入工程问题的功能函数或数值模型中计算得到 $y(x_i)$。

（4）$I[y(x)]$ 为 $y(x)$ 的指示函数，当 $y(x_i) \leqslant 0$ 时，$I[y(x_i)]$ 赋值为"1"，否则 $I[y(x_i)]$ 赋值为"0"，统计失效样本数量。

（5）计算每个随机变量样本的权重 $w(x_i)$，乘以对应样本的 $I[y(x_i)]$，保证重要性抽样估计是无偏的。

（6）对所有随机变量样本计算结果 $I[y(x_i)] \cdot w(x_i)$ 求平均值，从而估计失效概率。

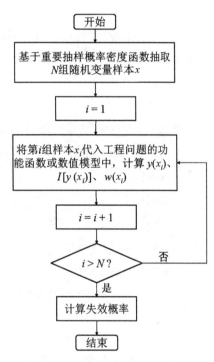

图 8-2　重要性抽样法流程图

8.4　有显式功能函数的可靠度问题

8.4.1　非线性功能函数算例

【例 8.1】　使用本章重要性抽样法来求解例 3.1 中的非线性功能函数算例。

解：由基本原理介绍可知，重要性抽样法的第一步是构造重要性抽样概率密度函数。将重要性抽样概率密度函数的中心放在验算点处，方差采用原不确定参数的方差。即使用平移变换法将抽样中心平移至验算点处。

扫描二维码获取本算例代码

由 5.3.1 节计算结果可知验算点为

$$\boldsymbol{x}^* = \begin{pmatrix} x_1^* \\ x_2^* \end{pmatrix} = \begin{pmatrix} -4.72 \\ 3.59 \end{pmatrix}$$

x_1^* 和 x_2^* 的协方差矩阵可表示为

$$\boldsymbol{C}_x = \begin{pmatrix} 4 & -2 \\ -2 & 4 \end{pmatrix}$$

在 MATLAB 软件中,对已知随机变量 x_1、x_2 的均值、标准差、相关系数和验算点等进行赋值并确定抽样个数,利用例 1.4 中介绍的 mvnrnd. m 函数即可生成相应的多元随机向量,代码如下。

代码 8.1 MATLAB 中基于验算点 $\boldsymbol{x}^*$ 生成 x_1、x_2 的模拟随机数

```
1    nsamples=5000;                % 抽样个数
2    xm=[1 2];                     % 均值
3    xsd=[2 2];                    % 标准差
4    xr=[1 -0.5; -0.5 1];          % 相关系数
5    xc=[-4.72 3.59];             % 验算点 x^*
6    Cx==(xsd'*xsd).* xr;;         % 协方差矩阵
7    x=mvnrnd(xc,Cx,nsamples);
```

在 MATLAB 软件中,根据代码 8.1 生成的 x_1、x_2 模拟随机数,分别绘制 x_1、x_2 频数分布直方图和散点图,如图 8-3、图 8-4 所示。

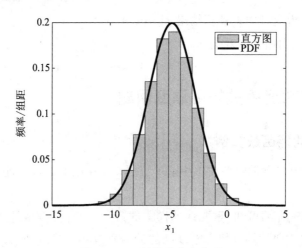

图 8-3 x_1 频数分布直方图

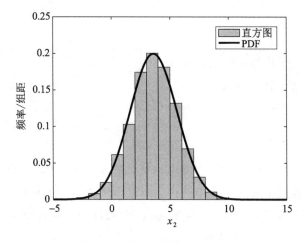

图 8-4 x_2 频数分布直方图

绘制和相关的代码如下。

代码 8.2 在 MATLAB 中参考代码 7.2 绘制 x_1、x_2 分布直方图

```
1   figure
2   xpdf1=-15:0.1:5;
3   ypdf1=normpdf(xpdf1,xc(1),xsd(1));
4   h=histogram(x(:,1),[-15:1:5]);
5   h.Normalization='pdf';
6   hold on
7   plot(xpdf1,ypdf1,'k-','Linewidth',1.5)
8   xlabel ('\fontname{Times} {\itx}_1');
9   ylabel('\fontname{宋体}频率/组距');
10  l=legend('\fontname{宋体}直方图','\fontname{Times}PDF')
11  figure
12  xpdf2=-5:0.1:15;
13  ypdf2=normpdf(xpdf2,xc(2),xsd(2));
14  h=histogram(x(:,2),[-5:1:15]);
15  h.Normalization='pdf';
16  hold on
17  plot(xpdf2,ypdf2,'k-','Linewidth',1.5)
18  xlabel ('\fontname{Times} {\itx}_2');
19  ylabel('\fontname{宋体}频率/组距');
20  l=legend('\fontname{宋体}直方图','\fontname{Times}PDF');
```

在 MATLAB 软件中，将根据代码 8.1 生成的 x_1、x_2 模拟随机数依次代入功能函数 y.m 中，并计算权重 $w(i)$。若功能函数计算结果 $y(i) < 0$，则将 $I(i)$ 记为 1，否则将

$I(i)$ 记为 0,代码如下。

代码 8.3　在 MATLAB 中计算样本的权重 w 和指示函数 I

```
1    y=exp(x(:,1)+6)-x(:,2);
2    w=mvnpdf(x,xm,Cx)./mvnpdf(x,xc,Cx);
3    I=(y<0);
```

代码 8.3 中第 3 行 $(y<0)$ 为逻辑运算,即向量 **y** 中小于 0 的元素在向量 **I** 中对应位置为真,否则为假;在接下来的计算中若将逻辑值组成的向量 **I** 转化为数值,则 **I** 中的逻辑值真将视为 1,逻辑值假将视为 0。在 MATLAB 软件中,根据代码 8.3 得到样本的权重 w 和指示函数 **I** 计算工程问题的失效概率 p_f、可靠度指标 β 以及变异系数 Cov,代码如下。

代码 8.4　在 MATLAB 中计算失效概率、可靠度指标以及变异系数

```
1    pf_m=mean(I.* w)              % 失效概率
2    beta=-norminv(pf_m,0,1)       % 可靠度指标
3    pf_std=std(I.* w)/sqrt(nsamples)   % 标准差
4    cov=pf_std/pf_m               % 变异系数
```

根据以上代码,基于 5 000 个随机样本的计算结果如图 8-5 所示,$y<0$ 的样本点用"✕"表示,将 $y>0$ 的样本点用"○"表示,与图 7-1 相比可以发现,在失效域界限两侧取到的样本数量比较均匀。该结构的失效概率 $p_f=0.32\%$,可靠度指标 $\beta=2.72$,对应的变异系数为 5.26%。例 7.1 中蒙特卡罗法抽样 10 万次计算得到的失效概率 $p_f=0.33\%$、变异系数为 5.49%。对比蒙特卡罗法和重要性抽样法计算结果发现:两种方法的失效概率和变异系数接近,但重要性抽样所需的抽样次数更少,说明重要性抽样法通过更少的样本数量可以得到精确的估计值,提高计算效率。

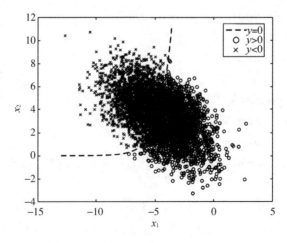

图 8-5　样本代入功能函数计算结果展示

8.4.2 条形基础问题

【例 8.2】 使用本章重要性抽样法求解例 3.2 中的条形基础算例。

解： 由 5.3.2 节的计算结果可知,验算点 (c, φ, q) 为 $(11.8723,$ $19.2349, 207.3600)$,它们的对数为

扫描二维码获取本算例代码

$$\ln \boldsymbol{x}^* = \begin{pmatrix} \ln x_1^* \\ \ln x_2^* \\ \ln x_3^* \end{pmatrix} = \begin{pmatrix} 2.474 \\ 2.957 \\ 5.334 \end{pmatrix}$$

由例 1.3 介绍的方法可以计算得到内摩擦角 φ、黏聚力 c 和荷载 q 对数的均值和标准差。在 MATLAB 软件中,对内摩擦角 φ、黏聚力 c 和荷载 q 对数的均值、标准差、相关系数和验算点等进行赋值并确定抽样个数,利用例 1.4 中介绍的 mvnrnd. m 函数即可生成相应的多元随机向量,代码如下。

代码 8.5 MATLAB 中基于验算点 $\ln(\boldsymbol{x}^*)$ 生成 x_1、x_2、x_3 的模拟随机数

```
1    nsamples=5000; % 抽样个数
2    xmean =[15 20 200];
3    xsd =[5 2 30];
4    xc=[11.8723,19.2349, 207.3600];
5    xr=eye(3);
6    covx=xsd./xmean;
7    slnx=sqrt(log(1+(covx.^2)));
8    mlnx=log(xmean)-0.5*slnx.^2;
9    Clnx=(slnx'*slnx).*xr; % 对数的协方差矩阵
10   xln=mvnrnd(log(xc),Clnx,nsamples);
11   x=exp(xln);
```

在 MATLAB 软件中,将根据代码 8.5 生成的 x_1、x_2、x_3 模拟随机数依次代入计算极限承载力的函数 q_u. m 中,并计算条形基础的安全系数 $F_s(i)$ 和样本的权重 $w(i)$。在 MATLAB 软件中,定义计算条形基础极限承载力的函数代码可使用代码 7.6。若条形基础的安全系数计算结果 $F_s(i) < 1$,则将指示函数 $I(i)$ 记为 1,否则将 $I(i)$ 记为 0,代码如下。

代码 8.6 在 MATLAB 中计算样本的权重 w 和指示函数 I

```
1    qu=q_u(x);
2    Fs=qu./x(:,3);
3    I=(Fs<1);
4    w=mvnpdf(xln,mlnx,Clnx)./mvnpdf(xln,log(xc),Clnx);
```

根据代码 8.6 得到样本的权重 w 和指示函数 I 计算工程问题的失效概率 p_f、可靠度指标 β 以及变异系数 Cov，如代码 8.4 所示。

根据以上代码，基于 5 000 个随机数，可得该结构的失效概率 $p_f=22.23\%$，可靠度指标 $\beta=0.76$，对应的变异系数为 1.64%。例 7.2 中蒙特卡罗法抽样 10 万次计算得到的失效概率 $p_f=21.99\%$，对应的变异系数为 0.60%。对比蒙特卡罗法和重要性抽样法计算结果发现：两种方法的失效概率接近，只是重要性抽样法抽取样本数缩小 20 倍，使得变异系数增大约 1%，说明重要性抽样法通过更少的样本数量可以得到精确的估计值，提高计算效率。

8.4.3　无限长边坡问题

【例 8.3】　使用本章重要性抽样法求解例 3.3 中的无限长边坡可靠度问题。

解：由 5.3.3 节计算结果可知验算点为

扫描二维码获取本算例代码

$$
\boldsymbol{x}^* = \begin{pmatrix} x_1^* \\ x_2^* \\ x_3^* \\ x_4^* \\ x_5^* \end{pmatrix} = \begin{pmatrix} 10.006 \\ 38.343 \\ 0.500 \\ 2.998 \\ 0.020 \end{pmatrix}
$$

x_1^*、x_2^*、x_3^*、x_4^*、x_5^* 的协方差矩阵可表示为

$$
\boldsymbol{C}_x = \begin{pmatrix} 4 & 0 & 0 & 0 & 0 \\ 0 & 4 & 0 & 0 & 0 \\ 0 & 0 & 0.002\,5 & 0 & 0 \\ 0 & 0 & 0 & 0.36 & 0 \\ 0 & 0 & 0 & 0 & 0.004\,9 \end{pmatrix}
$$

在 MATLAB 软件中，对已知黏聚力 c、内摩擦角 φ、土层总厚度 h、饱和土层厚度与土层厚度的比值 m 和模型误差 ε 的均值、标准差、相关系数和验算点等进行赋值并确定抽样个数，利用例 1.4 中介绍的 mvnrnd.m 函数即可生成相应的多元随机向量，如代码 8.7 所示。

在 MATLAB 软件中，将代码 8.7 生成的 x_1、x_2、x_3、x_4、x_5 模拟随机数依次代入计算无限长边坡模型功能函数的函数 g_fun.m 中，并计算样本的权重 $w(i)$。若无限长边坡模型安全系数计算结果 $F_s<1$，功能函数小于 0，则将 $I(i)$ 记为 1，否则将 $I(i)$ 记为 0，如代码 8.8 所示。

在 MATLAB 软件中，根据代码 8.8 得到样本的权重 w 和指示函数 I 可计算工程问题的失效概率 p_f、可靠度指标 β 以及变异系数 Cov，如代码 8.4 所示。

代码8.7　MATLAB 中基于验算点 x^* 生成 x_1、x_2、x_3、x_4、x_5 的模拟随机数

```
1    nsamples=10000;                          % 抽样个数
2    xm=[10 38 0.5 3 0.02];                    % 均值
3    xsd=[2 2 0.05 0.6 0.07];                  % 标准差
4    xr=eye(5);
5    xc=[10.006 38.343 0.500 2.998 0.020];     % 验算点 x^*
6    Cx=(xsd'*xsd).*xr;                        % 协方差矩阵
7    x=mvnrnd(xc',Cx,nsamples);
```

代码8.8　MATLAB 中计算样本的权重 w 和指示函数 I

```
1    Gx=g_fun(x);
2    I=(Gx<0);
3    w=mvnpdf(x,xm,Cx)./mvnpdf(x,xc,Cx);
```

　　运行以上代码,基于 10 000 个随机数,该结构的失效概率 $p_{\mathrm{f}}=36.17\%$,可靠度指标 $\beta=0.35$,对应的变异系数为 0.753%。例 7.3 中蒙特卡罗法抽样 10 万次计算得到的失效概率 $p_{\mathrm{f}}=36.19\%$,变异系数为 0.42%。对比蒙特卡罗法和重要性抽样法计算结果发现:两种方法的失效概率接近,变异系数也很接近,但是重要性抽样法抽取样本数缩小 10 倍。这表明重要性抽样法对样本数的要求很低。

8.5　复杂岩土及地质工程问题的重要性抽样法可靠度分析

8.5.1　浅基础沉降问题

　　【例 8.4】　在例 2.2 的基础上,采用重要性抽样法对例 3.4 浅基础沉降问题进行可靠度分析。

　　解:MATLAB 中的主程序由四部分组成:

　　(1) 定义问题的随机变量等基本参数的代码(参考代码 3.7)。

　　(2) 生成重要性抽样的随机模拟样本的代码,如下所示。

扫描二维码获取本算例代码

代码8.9　在 MATLAB 中生成重要性抽样模拟样本

```
1    n=500;
2    %  正态空间:
3    slnx=sqrt(log(1+(covx.^2)));
```

```
4    mlnx=log(xmean)-0.5*slnx.^2;
5    Clnx=slnx'* slnx.* C_y;
6    % 验算点坐标：
7    xc=[12.8878e6 0.4945];
8    xcln=log(xc);
9    yc=(xcln-mlnx)./slnx;
10   % 重要性抽样模拟样本：
11   y=mvnrnd(yc,C_y,n);
12   xln=y.*slnx+mlnx;
```

其中，用变量 y 表示在标准正态分布空间中抽取的独立随机变量，用变量 x 表示原始分布空间中的随机变量，用变量 x ln 表示在正态分布空间中，即对原始的对数正态分布变量取自然对数后的随机变量的样本。用变量 x_c、$x_c$ln、y_c 分别表示验算点在标准正态分布空间、正态分布空间和原始分布空间中的坐标。

（3）计算样本指示函数值和重要性权重的代码，如下所示。

代码 8.10　在 MATLAB 中将抽得的样本依次代入函数 CallFLAC_par.m

```
1    gx=zeros(n,1);
2    parfor k=1:n
3        [gx(k,1),~]=CallFLAC_par(k,y(k,:));
4    end
5    w=mvnpdf(xln,mlnx,Clnx)./mvnpdf(xln,xcln,Clnx);
6    I=(gx<0);
```

其中，同样可采用 MATLAB 的 parfor 循环字段开启并行计算，可以充分利用计算资源并节省计算时间。可利用代码 2.17 给出的 MATLAB 函数 CallFLAC_par. m，对代码 8.9 抽取的 n 个样本执行并行计算。

（4）计算失效概率 pf_m、可靠度指标 β 以及变异系数 Cov 的代码，如代码 8.4 所示。其中，所需的权重 w 和统计样本 I 已由代码 8.10 获取。

针对本例随机变量土体的弹性模量 E 和侧压力系数 K_0，抽取 500 个样本，如图 8-6 所示。其中，失效样本用"●"表示、安全样本用"○"表示。利用本章重要性抽样法，计算的浅基础的失效概率 $p_f=35.12\%$，可靠度指标 $\beta=0.38$，变异系数为 4.48%。例 7.4 中蒙特卡罗法抽样 1 000 次计算得到失效概率，即 $p_f=36.20\%$，变异系数为 4.20%。对比可知，蒙特卡罗法和重要性抽样法计算的失效概率和变异系数接近，表明重要性抽样法对样本数要求较低，从而提高计算效率。抽样数对浅基础失效概率和变异系数的影响如

图 8-7 所示,其中,失效概率在 $35\%\sim40\%$ 之间,变异系数随着样本数量的增加而逐渐减小,表明增加样本数量可以提高计算结果的精度。

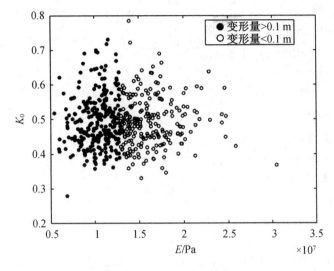

图 8-6　E 和 K_0 抽样散点图

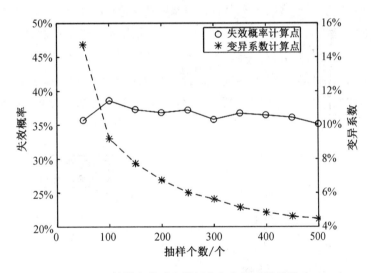

图 8-7　抽样个数对失效概率和变异系数的影响

8.5.2　边坡稳定性问题

【例 8.5】　在例 3.5 的基础上,采用重要性抽样法对边坡稳定性问题进行可靠度分析。

解: MATLAB 中的主程序依然由四部分组成(参考例 8.4)。其中本例的第(2)部分采用如下代码。

扫描二维码获取本算例代码

代码 8.11　在 MATLAB 中生成重要性抽样模拟样本

```
1    n=500;
2    %  正态空间:
3    slnx=sqrt(log(1+(covx.^2)));
4    mlnx=log(xmean)- 0.5*slnx.^2;
5    Clnx=slnx'* slnx.* C_y;
6    %  验算点坐标:
7    xc=[4.1353e3 13.1000];
8    xcln=log(xc);
9    yc=(xcln-mlnx)./slnx;
10   %  重要性抽样模拟样本:
11   y=mvnrnd(yc,C_y,n);
12   xln=y.* slnx+mlnx;
```

　　本算例的第(3)部分与代码 8.10 相同。但其中第 3 行的 MATLAB 函数 CallFLAC_par.m 和相关代码与例 3.5 中的保持一致。

　　针对本例随机变量土体的黏聚力 c 和内摩擦角 φ，抽取 500 个样本，如图 8-8 所示。其中失效样本用"●"表示、安全样本用"○"表示。根据重要性抽样法计算的边坡的失效概率 $p_f=21.9\%$，可靠度指标 $\beta=0.78$，变异系数为 4.75%。该结果与例 7.5 中蒙特卡罗法抽样 1 000 次的计算结果相近，但所需样本数大幅减少。图 8-9 探讨了抽样数对浅基础失效概率和变异系数的影响。其中，失效概率在 15%～23% 之间，变异系数随着样本数量的增加而逐渐减小。

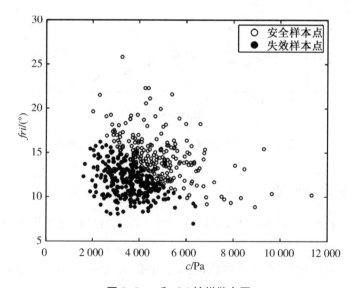

图 8-8　c 和 fri 抽样散点图

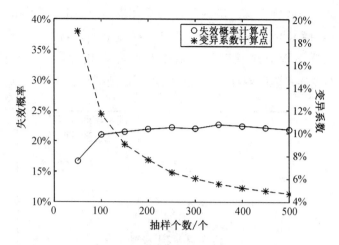

图 8-9　抽样个数对失效概率和变异系数的影响

8.5.3　盾构隧道收敛变形问题

【例 8.6】　在例 3.6 的基础上,采用重要性抽样法对盾构隧道收敛变形问题进行可靠度分析。

解:MATLAB 中的主程序依然由四部分组成(参考例 8.4)。其中本例的第(2)部分采用如下代码。

扫描二维码获取本算例代码

```
代码 8.12　在 MATLAB 中生成重要性抽样模拟样本
1    n=500;
2    %  正态空间:
3    slnx=sqrt(log(1+(covx.^2)));
4    mlnx=log(xmean)- 0.5* slnx.^2;
5    Clnx=slnx'* slnx.* C_y;
6    %  验算点坐标:
7    xc=[9.1124e6 0.5589];
8    xcln=log(xc);
9    yc=(xcln-mlnx)./slnx;
10   %  重要性抽样模拟样本:
11   y=mvnrnd(yc,C_y,n);
12   xln=y.* slnx+ mlnx;
```

本算例的第(3)部分与代码 8.10 相同。但其中第 3 行的 MATLAB 函数 CallFLAC_par.m 和相关代码与例 3.6 中的保持一致。

针对本例随机变量土体的弹性模量 E 和土体的侧压力系数 K_0,抽取 500 次样本,如图 8-10 所示。其中失效样本用"●"表示、安全样本用"○"表示。利用本章重要性抽样法,计算的浅基础的失效概率 $p_f=33.47\%$,可靠度指标为 0.43,变异系数为 4.40%。该结果与例 7.6 中蒙特卡罗法抽样 1 000 次的计算结果相近,但所需样本数大幅减少。图 8-11 探讨了抽样个数对浅基础失效概率和变异系数的影响。其中,失效概率在34%～38%之间,变异系数随着样本数量的增加而逐渐减小。

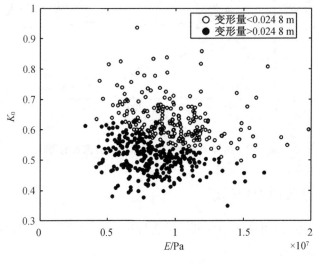

图 8-10 E 和 K_0 抽样散点图

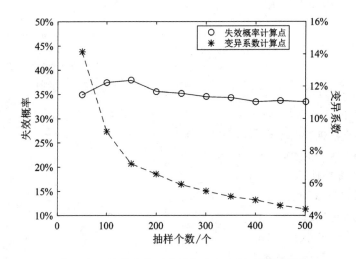

图 8-11 抽样个数对失效概率和变异系数的影响

8.6 小结

本章介绍了复杂岩土及地质工程可靠度分析的重要性抽样方法。重要抽样方法由于计算效率较高,在复杂岩土及地质工程可靠度分析中广受关注。其中包括边坡工程分析(Ching 等[6];Li 等[7];马晓东和简俐[8];Siacara 等[9])、隧道及支护结构分析(Low 和

Einstein[10];Zeng 等[11];Napa-García 等[12];Liu 和 Low[13];Kroetz 等[14],Thapa 等[15])、基础工程分析(惠趁意等[16];Fan 和 Liang[17];Colone 等[18];Soubra 等[19];周佳成等[20])等。一些学者将重要抽样方法和其他方法结合,提出了可靠度分析新方法。例如,Hurtado[21]基于重要性抽样和支持向量机提出了具有更高计算效率的可靠性算法;苏国韶和肖义龙[22]基于高斯过程机器学习与重要抽样方法提出了边坡可靠度分析的高斯过程方法;Schuster 和 Klebanov[23]提出了适用于贝叶斯机器学习和统计问题的马尔可夫链重要性抽样;Zhao 等[24]提出了基于响应面法确定设计点的重要抽样方法用于边坡可靠度分析;Pan 等[25]提出了将多项式-混沌克里格和自适应径向重要抽样相结合的可靠性分析算法;Song 等[26]提出用于解决小失效概率问题的子集模拟重要性抽样方法。这些方法的改进和发展给复杂岩土及地质工程问题的解决带来了更多的便利。

参考文献

[1] Van Dijk H K, Kloek T. Experiments with some alternatives for simple importance sampling in Monte Carlo integration[R]. Rotterdam:Erasmus University Rotterdam,1983.

[2] Jensen J L W V. Sur les fonctions convexes et les inégalités entre les valeurs Moyennes[J]. Acta Mathematica,1906,30(1):175-193.

[3] Rubinstein R Y, Kroese D P. Simulation and the Monte Carlo method[M]. 3rd. Edition. Hoboken:John Wiley & Sons, Inc. ,2016.

[4] Martino L, Elvira V, Louzada F. Effective sample size for importance sampling based on discrepancy measures[J]. Signal Processing,2017,131:386-401.

[5] Harbitz A. An efficient sampling method for probability of failure calculation[J]. Structural Safety,1986,3(2):109-115.

[6] Ching J, Phoon K K, Hu Y G. Efficient evaluation of reliability for slopes with circular slip surfaces using importance sampling [J]. Journal of Geotechnical and Geoenvironmental Engineering,2009,135(6):768-777.

[7] Li D Q, Zhang F P, Cao Z J, et al. Efficient reliability updating of slope stability by reweighting failure samples generated by Monte Carlo simulation[J]. Computers and Geotechnics,2015,69:588-600.

[8] 马晓东,简俐. Monte-Carlo 抽样法在边坡可靠性分析中的应用研究[J]. 矿产勘查,2019,10(7):1738-1742.

[9] Siacara A T, Napa-García G F, Beck A T, et al. Reliability analysis of earth dams using direct coupling[J]. Journal of Rock Mechanics and Geotechnical Engineering,2020,12(2):366-380.

[10] Low B K, Einstein H H. Reliability analysis of roof wedges and rockbolt forces in tunnels[J]. Tunnelling and Underground Space Technology,2013,38:1-10.

[11] Zeng P, Senent S, Jimenez R. Reliability analysis of circular tunnel face stability obeying Hoek-Brown failure criterion considering different distribution types and correlation structures[J]. Journal of Computing in Civil Engineering,2016,30(1):04014126.

[12] Napa-García G F, Beck A T, Celestino T B. Reliability analyses of underground openings with the

point estimate method[J]. Tunnelling and Underground Space Technology, 2017, 64：154-163.

[13] Liu H, Low B K. System reliability analysis of tunnels reinforced by rockbolts[J]. Tunnelling and Underground Space Technology, 2017, 65：155-166.

[14] Kroetz H M, Do N A, Dias D, et al. Reliability of tunnel lining design using the hyperstatic reaction method[J]. Tunnelling and Underground Space Technology, 2018, 77：59-67.

[15] Thapa A, Roy A, Chakraborty S. Reliability analysis of underground tunnel by a novel adaptive Kriging based metamodeling approach [J]. Probabilistic Engineering Mechanics, 2022, 70：103351.

[16] 惠趁意,朱彦鹏,叶帅华.预应力锚杆复合土钉支护稳定可靠度分析[J].岩土工程学报,2014,36(S2):186-190.

[17] Fan H, Liang R. Importance sampling based algorithm for efficient reliability analysis of axially loaded piles[J]. Computers and Geotechnics, 2015, 65：278-284.

[18] Colone L, Natarajan A, Dimitrov N. Impact of turbulence induced loads and wave kinematic models on fatigue reliability estimates of offshore wind turbine monopiles[J]. Ocean Engineering, 2018, 155：295-309.

[19] Soubra A H, Al-Bittar T, Thajeel J, et al. Probabilistic analysis of strip footings resting on spatially varying soils using kriging metamodeling and importance sampling[J]. Computers and Geotechnics, 2019, 114：103107.

[20] 周佳成,丁士君,李镜培,等. 基于响应面法和重要性抽样的杆塔掏挖基础抗拔可靠性分析[J]. 结构工程师,2020,36(3):175-183.

[21] Hurtado J E. Filtered importance sampling with support vector margin：A powerful method for structural reliability analysis[J]. Structural Safety, 2007, 29(1)：2-15.

[22] 苏国韶,肖义龙.边坡可靠度分析的高斯过程方法[J].岩土工程学报,2011,33(6):916-920.

[23] Schuster I, Klebanov I. Markov chain importance sampling—a highly efficient estimator for MCMC[J]. Journal of Computational and Graphical Statistics, 2020, 30(2)：260-268.

[24] Zhao J, Duan X, Ma L, et al. Importance sampling for system reliability analysis of soil slopes based on shear strength reduction [J]. Georisk：Assessment and Management of Risk for Engineered Systems and Geohazards, 2021, 15(4)：287-298.

[25] Pan Q J, Zhang R F, Ye X Y, et al. An efficient method combining polynomial-chaos kriging and adaptive radial-based importance sampling for reliability analysis[J]. Computers and Geotechnics, 2021, 140：104434.

[26] Song S, Bai Z, Kucherenko S, et al. Quantile sensitivity measures based on subset simulation importance sampling[J]. Reliability Engineering & System Safety, 2021, 208：107405.

第9章

子 集 模 拟 法

9.1 引言

如第 7 章所述,传统蒙特卡罗法在分析小失效概率事件时,存在计算效率较低的不足。作为另一项广受关注的方差缩减技术,子集模拟法通过将一小概率估算问题转化为一系列大概率估算问题,从而提高小失效概率问题的计算效率。本章将介绍子集模拟法的基本原理、实现方法及其在复杂岩土及地质工程可靠度分析中的应用案例。

9.2 子集模拟基本原理

9.2.1 子集模拟的基本概念

在岩土工程可靠度分析问题中,常遇到失效概率很小的情况。例如在求解考虑土体强度参数不确定性的边坡可靠度问题时,定义边坡安全系数 $FS<1$ 时边坡失效,采用直接蒙特卡罗模拟方法,若失效概率 $p_f=0.02$,要求失效概率的估算变异系数不大于 5%,则根据式(7-16)可得需要蒙特卡罗模拟次数约为 20 000。所需模拟次数多的原因在于所求的概率很小。如果能够将其转化为求大概率的问题,则所需模拟次数便可以减少。不妨考虑如下情形:先进行蒙特卡罗模拟得到 100 个样本,其中 10 个样本 $FS<1.5$,则可得事件 $P(FS<1.5)=0.1$。如果能够生成 $FS<1.5$ 的样本若干个,且这些样本满足在 $FS<1.5$ 的样本域内仍服从原分布的形状,那么这些样本中 $FS<1$ 的失效样本占比就会比直接蒙特卡罗模拟多,即条件概率 $P(FS<1|FS<1.5)$ 要比失效概率 $P(FS<1)$ 大,则条件概率的估算便可以使用这些样本进行估计,最后将各层概率叠加。

对于小概率问题,使用子集分层计算,这实际上就是子集模拟方法的基本思想。如图 9-1 所示为子集模拟示例图。假设初始生成了 12 个原始样本点,由于失效概率比较小,这些样本点中没有失效点。取其中功能函数值最小的 4 个点,并在这 4 个点周围随机游走抽样 2 次,额外获得了 8 个样本点,则这 12 个点构成了第一层子集。依此类推,可以逐渐向下构建子集,直到某一层子集中的失效样本超过 4 个。对于图 9-1 中的算例,共分解了 3 个子集,每层子集的样本都由上一层子集中功能函数值最小的 4 个样本通过随机游走扩增生成,则每层子集的条件概率为 4/12=1/3。在第三层子集的 12 个模拟样本中有 7 个失效样本。根据概率的乘法法则,最终估算的失效概率 $p_f=(1/3)^3 \times 7/12 \approx 0.021\ 6$。

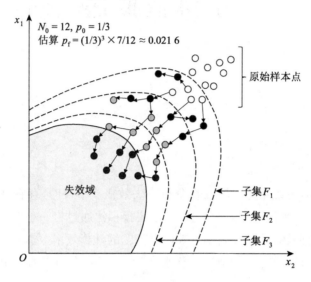

图 9-1　子集模拟概念示例图

子集模拟最早由 Au 和 Beck[1] 提出,是一种用于估计小概率问题的自适应蒙特卡罗改进方法。为了计算小概率事件 F 的失效概率,子集模拟引入一系列中间失效事件 F_1,F_2,$\cdots$,F_m,其中 m 为中间事件的个数。各事件满足 $F_m \subset F_{m-1} \subset \cdots \subset F_2 \subset F_1$(Au 和 Wang[2])。用 F_0 表示全事件空间,则该事件失效概率 $P(F)$ 可以转化为多个条件概率的乘积。

$$P(F)=P(F \mid F_m)P(F_m \mid F_{m-1})\cdots P(F_2 \mid F_1)P(F_1 \mid F_0)$$

$$=P(F \mid F_m)\prod_{i=1}^{m}P(F_i \mid F_{i-1}) \tag{9-1}$$

式中,条件概率 $P(F_i \mid F_{i-1})$ 为第 i 层子集在上一层子集中的“占比”,通常设定为常数,在此可称之为子集概率,用 p_0 表示;条件概率 $P(F \mid F_m)$ 为最后一层子集的条件失效概率,在此要求 $P(F \mid F_m)>p_0$,否则在 F_m 中进一步构建子集 $F_{m+1} \subset F_m$,直到 $P(F \mid F_m)>p_0$,则式(9-1)可进一步改写为

$$P(F)=p_0^m P(F \mid F_m) \tag{9-2}$$

根据式(9-2)可以看出,只要确定了 m、p_0 和 $P(F \mid F_m)$,便可以估算失效概率 $P(F)$。下面将详细介绍子集模拟的实现过程。

9.2.2　模拟子集的构建方法

子集模拟法需要构建一系列模拟子集,即一系列满足 $P(F_i \mid F_{i-1})=p_0$ 的随机模

拟样本。在此,用 $g(\boldsymbol{x})$ 表示功能函数,其中 $\boldsymbol{x}$ 为具有不确定性的自变量,模拟概率密度函数为 $f(\boldsymbol{x})$ 的随机变量。子集模拟中一系列事件 F_0,F_1,F_2,$\cdots$,F_m,F 之间的分界线实际上就是等功能函数值线,用 c_1,c_2,$\cdots$,c_m,c_f 来表示这些分界线上的阈值。其中,c_1 代表 F_0 与 F_1 之间的分界阈值,c_2,c_3,$\cdots$,c_m 代表各个中间事件 F_1,F_2,$\cdots$,F_m 之间的分界阈值;c_f 代表 F_m 与 F 之间的分界阈值即失效域边界阈值,显然 $c_f = 0$。在子集模拟中,常设定每层子集的模拟样本数为常数 N_0,如上文所述子集概率 $P(F_i \mid F_{i-1})$ 常被设定为常数 p_0,则 $c_i(i = 1,2,\cdots,m)$ 可使用各层子集的 p_0 分位数来近似估算,即将每层子集的 N_0 个模拟样本的功能函数值升序排列,取第 $N_0 p_0$ 个模拟样本的功能函数值为 c_i。

如上文所述,子集模拟中的第一个事件 F_0 表示全事件空间,该层的 N_0 个模拟样本可直接使用 $\boldsymbol{x}$ 的原始概率分布生成随机数获得,将这 N_0 个模拟样本的功能函数值升序排列,分别表示为 $\boldsymbol{x}_0^{(1)}$,$\boldsymbol{x}_0^{(2)}$,$\cdots$,$\boldsymbol{x}_0^{(N_0)}$,取第 $N_0 p_0$ 个模拟样本的功能函数值 $g(\boldsymbol{x}_0^{(N_0 p_0)})$ 为子集 F_1 的分界阈值 c_1,则前 $N_0 p_0$ 个模拟样本自动进入下一子集 F_1。由此可见,我们需要使用这 $N_0 p_0$ 个模拟样本通过一定方法扩增至 N_0 个,并且这 N_0 个扩增后的样本必须服从 $\boldsymbol{x}$ 的原始概率分布在子集 F_1 中的截尾分布,其概率密度函数可表示为

$$f(\boldsymbol{x} \mid F_1) = f(\boldsymbol{x} \mid g(\boldsymbol{x}) \leqslant c_1) \tag{9-3}$$

这 $N_0 p_0$ 个初始模拟样本常称作该层子集的种子样本(seed)。

如图 9-1 中所示,由于所求失效概率很小,原始模拟样本中落入失效域和子集的样本数通常很少,直接使用原始概率分布生成式(9-3)的截尾分布的随机数效率很低。在子集模拟中常使用 M-H(Metropolis Hastings)采样算法来生成子集模拟样本(Au 和 Beck[1];Au 等[3])。子集模拟法中的 M-H 采样算法是一种马尔可夫链蒙特卡罗算法(Au[4];Papaioannou 等[5]),常用于生成难以获得解析解的概率分布的随机模拟样本。在此,子集 F_1 中的 $N_0 p_0$ 个种子样本即为 F_0 中按功能函数值升序排列的前 $N_0 p_0$ 个样本 $\boldsymbol{x}_0^{(1)}$,$\boldsymbol{x}_0^{(2)}$,$\cdots$,$\boldsymbol{x}_0^{(N_0 p_0)}$。使用 M-H 采样算法将以上子集 F_1 中 $N_0 p_0$ 个种子样本扩增至 N_0 个的基本过程可描述如下:

(1)$i = 1$。

(2)$j = 1$,子集 F_1 中初始点 $\boldsymbol{x}_{1i1}$ 赋值为第 i 个种子样本 $\boldsymbol{x}_0^{(i)}$。

(3)建议使用分布在 $\boldsymbol{x}_{1ij}$ 附近生成候选模拟样本 $\boldsymbol{x}_c$:以 $\boldsymbol{x}_{0i}$ 为均值向量,以常方阵 $\boldsymbol{C}_c$ 为协方差矩阵,生成一个正态分布的随机变量 $\boldsymbol{x}_c$。

(4)计算功能函数值 $g(\boldsymbol{x}_c)$。

(5)计算接受概率 α:

$$\alpha = \min\left\{\frac{f(\boldsymbol{x}_c)}{f(\boldsymbol{x}_{1ij})},1\right\} \tag{9-4}$$

（6）生成一个服从 0 到 1 的均匀分布的随机数 $r \sim U(0,1)$。

（7）如果 $r < \alpha$，则继续下一步；否则拒绝候选模拟样本 $\boldsymbol{x}_c$，$\boldsymbol{x}_{1i(j+1)} = \boldsymbol{x}_{1ij}$ 并转至第（9）步。

（8）如果 $g(\boldsymbol{x}_c)$ 小于子集 F_1 的分界阈值 c_1，则接受候选模拟样本 $\boldsymbol{x}_c$，$\boldsymbol{x}_{1i(j+1)} = \boldsymbol{x}_c$；否则拒绝候选模拟样本 $\boldsymbol{x}_c$，$\boldsymbol{x}_{1i(j+1)} = \boldsymbol{x}_{1ij}$。

（9）$j = j+1$ 并转至第（3）步，直到 $j > 1/p_0 - 1$。

（10）$i = i+1$ 并转至第（2）步，直到 $i > N_0 p_0$。

以上过程中，由于 $N_0 p_0$ 个初始模拟样本已经服从式(9-3)的截尾分布，故不需要丢弃初始段样本。以上过程中，从每一个种子样本 $\boldsymbol{x}_0^{(i)}$，分别通过随机游走生成了 $(1/p_0 - 1)$ 个子集 F_1 中的模拟样本。基于所有模拟样本 $\boldsymbol{x}_{1ij}$（$i = 1, 2, \cdots, N_0 p_0$；$j = 1, 2, \cdots, 1/p_0$）即可组成子集 F_1。

使用以上方法获得了子集 F_1 中扩增后的 N_0 个模拟样本后，便可以继续使用同样的方法构建子集 $F_2 \subset F_1$，即将子集 F_1 中的模拟样本按功能函数值升序排列的前 $N_0 p_0$ 个样本 $\boldsymbol{x}_1^{(1)}, \boldsymbol{x}_1^{(2)}, \cdots, \boldsymbol{x}_1^{(N_0 p_0)}$ 作为子集 F_1 中的种子样本，再使用上面的 M-H 算法扩增子集 F_2 中的模拟样本。以此类推，直到某层子集中的失效样本数超过了 $N_0 p_0$ 个，则将该层子集设置为最后一层子集 F_m。这是因为再向下构造的子集没有意义，之后的子集中全部是失效样本，估算失效概率都为 1 且这些子集不能包含事件 F。进而，$P(F \mid F_m)$ 可用最后一层子集 F_m 中失效样本的比率来估算。最后，将各参数代入式(9-2)即可获得子集模拟法的估算失效概率 $P(F)$。

步骤(3)中的建议分布即由当前模拟样本向周围随机游走使用的概率分布。此处建议使用的正态分布具有可交换性，即由 $\boldsymbol{x}_{0i}$ 生成的候选模拟样本为 $\boldsymbol{x}_c$ 的概率和由 $\boldsymbol{x}_c$ 生成的候选模拟样本为 $\boldsymbol{x}_{0i}$ 的概率相等。根据 M-H 算法的性质，建议分布采用可交换概率分布时，转移接受概率 α 应当与目标分布在随机游走前后两模拟样本点处的目标概率密度比值成正比（Gelman 等[6]）。使用式(9-4)作为转移接受概率时，可以使 M-H 算法获得的模拟样本服从边缘分布 $f(\boldsymbol{x})$。再利用步骤(8)的阈值判断，即可获得式(9-3)截尾分布的模拟样本。

步骤(5)至步骤(8)判断是否接受候选模拟样本 $\boldsymbol{x}_c$。如果接受率过低，则新的模拟样本会比较少，构建子集的效率会比较低，可以通过优化建议分布的步长参数（此处为协方差矩阵 $\boldsymbol{C}_c$）来使接受率在合理水平内。Gelman 等[6]建议接受率在 20%～40% 时抽样效率最高；Zuev 等[7]则建议 30%～50% 时数学性质最佳。Papaioannou 等[5]给出了自适应变步长的改进 M-H 算法，并将变量转换至标准正态空间，可以在计算过程中调整建议分布，使接受率在最优值 44% 左右，进而提高 M-H 算法的抽样效率。另外，许多学者也提出了提高抽样效率的各类方法（如 Miao 和 Ghosn[8]；Santoso 等[9]），具体操作细节在此不再赘述。

9.3　子集模拟计算方法

9.3.1　子集模拟算法流程

前面我们已经了解了子集抽样的基本原理以及如何通过 M-H 算法获取所需的样本集,以下是使用子集模拟法来进行可靠度分析的具体实施步骤:

(1) 设所需求解可靠度问题的变量为 x,功能函数为 $g(x)$,失效事件定义为 $g(x) < 0$,采用蒙特卡罗模拟生成 N_0 个原始模拟样本,计算各样本的功能函数值。

(2) 按照功能函数值升序将 N_0 个模拟样本排序 $\{x_0^{(1)}, x_0^{(2)}, \cdots, x_0^{(N_0)}\}$,选定子集概率 p_0,则可确定排序为第 $N_0 p_0$ 个模拟样本功能函数值 $g(x_0^{(N p_0)})$ 为中间事件阈值 c_1,满足 $P(g(x) < c_1) = p_0$,则 $\{x_0^{(1)}, x_0^{(2)}, \cdots, x_0^{(N_0 p_0)}\}$ 即为下一层子集的种子样本。

(3) 以种子样本为起点使用 M-H 算法生成 $N_0 - p_0 N_0$ 个下一层子集的模拟样本,总共得到 N_0 个下一层子集的模拟样本。

(4) 重复步骤(2)和(3)直至最后得到的子集满足 $P(F \mid F_m) = P(g(X) < 0 \mid g(X) < c_m) > p_0$。

(5) 其失效概率 $P_f = P(F) = p_0^m P(F \mid F_m)$。

这样,我们就将一个小概率问题转换为一系列较大的条件概率之积,从而使抽样计算效率大大提高,且每个中间事件阈值都由选定的子集概率 p_0 自适应地确定,我们可以很方便地进行编程求解。

从以上计算流程可以得出,使用子集模拟法来进行可靠度分析求解,功能函数需要在原始模拟样本处和构建每层子集的 M-H 采样算法步骤(8)处计算。所需功能函数 $g(x)$ 计算的最大次数为 $N_0 + m(N_0 - p_0 N_0)$,即在 9.2.2 中步骤(5)至步骤(7)的样本全部接受,则都需要在步骤(8)计算功能函数。计算中步骤(5)至步骤(7)会拒绝一些样本,从而功能函数的实际计算次数要更少。

9.3.2　子集模拟误差分析

根据第 7 章可知,蒙特卡罗模拟直接抽样求解的失效概率的变异系数,可根据式(7-16)计算。从前述子集模拟的原理介绍以及实现流程可知,对每个构造的子集求解对应失效概率来说都是采用直接蒙特卡罗模拟进行计算的,故每一层子集都可求得子集概率的变异系数。由于第一层是采用直接蒙特卡罗模拟生成的样本,故可以采用式(7-16)直接进行计算;对于后面采用 M-H 采样算法生成的子集样本,由于每条马尔可夫链的各样本之间存在一定相关性,故不能采用式(7-16)直接进行计算。Au 和 Beck[1] 给出了失效概率计算误差的估算公式。用 δ 表示最终求得失效概率的变异系数,δ_i 表示第 i 个子集求解其子集概率的变异系数,则有:

$$\delta^2 = \sum_{i=1}^{m} \delta_i^2 \tag{9-5}$$

$$\delta_i = \sqrt{\frac{1 - p_i}{p_i N}(1 + \gamma_i)} \tag{9-6}$$

式中 p_i——第 i 个子集对应的失效概率；

γ_i——马尔可夫链的自相关性的表征项，其计算公式如下：

$$\gamma_i = 2 \sum_{k=1}^{N_0/N_c - 1} \left(1 - \frac{kN_c}{N_0}\right) \rho_i(k) \tag{9-7}$$

式中 N_0——每个子集内的样本数；

N_c——每个子集内的种子样本数，故 $N_c = p_0 N_0$，$\rho_i(k)$ 的计算公式如下：

$$\rho_i(k) = R_i(k)/R_i(0) \tag{9-8}$$

$$R_i(k) = \left(\frac{1}{N - kN_c} \sum_{j=1}^{N_c} \sum_{l=1}^{N/N_c - k} I_{jl}^{(i)} I_{j,l+k}^{(i)}\right) - p_i^2 \tag{9-9}$$

式中，$i = 1, \cdots, m$ 为子集层数；$k = 0, \cdots, N/N_c - 1$ 表示间隔 k 个样本；$j = 1, \cdots, N_c$ 为失效样本编号；I_{jl} 为第 j 个样本生成的马尔可夫链中的第 l 个样本的指示功能函数，若该样本进入了下一层子集或者为失效样本，则 $I_{jl} = 1$，否则 $I_{jl} = 0$。

9.4 有显式功能函数的可靠度问题

9.4.1 非线性功能函数算例

【例 9.1】 使用本章子集模拟方法来求解例 3.1 中的非线性功能函数算例。

解：根据上文介绍的子集模拟的步骤，首先定义基本参数及生成初始蒙特卡罗模拟样本，在 MATLAB 软件中，编程如下。

扫描二维码获取本算例代码

代码 9.1 在 MATLAB 定义基本参数及生成初始蒙特卡罗模拟样本

```
1    global No_gfun
2    xm=[1 2];
3    xsd=[2 2];
4    xr=[1 -0.5;-0.5 1];
5    xr=[1 -0.5;-0.5 1];
6    save Pra xm Cx xsd
7    No_gfun=0;
```

```
8    p0=0.1;
9    N0=1000;
10   Ni=1/p0;
11   nj=10;
12   Xf=cell(nj,1);
13   Yf=cell(nj,1);
14   x_next=mvnrnd(xm,Cx,N0);
15   Xf(1,1)={x_next};
16   y_next=NaN(N,1);
17   boundary=NaN(nj,1);
```

代码 9.1 中 xm、xsd、Cx 分别为随机参数的均值、标准差及协方差矩阵；p_0 为子集概率，其值取 0.1；N0 为每次生成样本集的数量，本算例中取 1000；N0_gfun 记录使用功能函数的计算次数；Xf、Yf 定义为元组，用于存放每次生成的随机参数样本集及样本的功能函数集；第 14 行生成服从正态分布的随机参数样本集 x_next；第 15 行将样本集存入 Xf 中；第 16,17 行定义了用于存放样本计算功能函数值的 y_next 以及中间失效事件边界（即子集边界）的 boundary，预定义以提前分配内存，提高代码在 MATLAB 中的运行效率。

代码 9.2 计算初始样本功能函数值
```
1    for i=1:N0
2        y_next(i,1)=g_fun(x_next(i,:));
3        No_gfun=No_gfun+1;
4    end
5    Yf(1,1)={y_next};
```

代码 9.2 将初始采用直接蒙特卡罗模拟方法生成的 1 000 个随机样本的功能函数值计算完成并存入 y_next 中（gfun 为功能函数求解函数，下文中有介绍），其中每计算一次功能函数，则 N0_gfun 加上 1。最后将功能函数集存入元组 Yf 中。

代码 9.3 获取初始样本中进入下一子集的种子样本,确定子集失效事件边界
```
1    [y_next_sort,index]=sort(y_next);
2    pf_t(1)=mean(y_next<0);;
3    if pf_t(1)>p0
4        cumpf(1,1)=pf_t(1);
5        boundary(1,1)=0;
6    else
7        boundary(1)=y_next_sort(N0*p0+1);
```

```
8       Ind_Fail=index(1:N0*p0);
9       x_Fail=x_next(Ind_Fail,:);
10      y_Fail=y_next(Ind_Fail);
11      pf_t(1)=p0;
12      i=1;
13      BoundaryTouch=0;
14   end
```

代码 9.3 中第 1 行将计算所得功能函数值排序；第 2 行计算该样本集的失效概率 pf_t(1)；第 3～6 行中，若此时样本集的失效概率 pf_t(1) 大于子集概率 p_0，则无须进行下一步计算，否则自适应确定以 p_0 为失效概率的子集失效事件功能函数边界值并赋予 boundary；第 9 行将此时的中间失效样本存入 x_Fail 中，第 10 行将中间失效样本对应的功能函数值存于 y_Fail 中，而后进行下一步的 M-H 采样算法生成子集样本进行计算；第 11 行中此时该子集的中间失效概率为 pf_t(1) = p_0；第 12,13 行为下面的 While 循环定义了初始条件。

代码 9.4 循环计算直至所得子集失效概率大于子集概率

```
1    while BoundaryTouch==0
2        i=i+1;
3        for j=1:length(y_Fail)
4            x0=x_Fail(j,:);
5            x_next(j*Ni-Ni+1:j*Ni,:)=MH(x0,boundary(i-1),Ni);
6        end
7        Xf(i,1)={x_next};
8        for j=1:max(size(x_next))
9            y_next(j,1)=gfun(x_next(j,:));
10           No_gfun=No_gfun+1;
11       end
12       Yf(i,1)={y_next};
13       [y_next_sort,index]=sort(y_next);
14       boundary(i,1)=y_next_sort(N0*p0+1);
15       if boundary(i)< 0
16           pf_t(i,1)=length(find(y_next<0))/length(y_next);
17           BoundaryTouch=1;
18           boundary(i)=0;
19       else
20           Ind_Fail=index(1:N0*p0);
21           x_Fail=x_next(Ind_Fail,:);
```

```
22        y_Fail= y_next(Ind_Fail);
23        pf_t(i,1)= p0;
24    end
25 end
```

代码 9.4 中第 3～6 行首先基于中间失效样本 x_Fail,采用 M-H 采样方法(代码中的 M-H 函数下文中有介绍)生成新的条件样本 1 000 个并更新于 x_next 中;第 7 行将新的子集样本 x_next 存入 Xf 中;第 8～12 行则计算新的子集样本的功能函数值并存入元组 Yf 中;第 13～14 行对子集样本功能函数值进行排列;第 15～18 行找到以 p_0 为失效概率的中间失效事件边界 boundary;若此时 boundary 小于 0,则计算此时对应真实失效事件的子集失效概率 pf_t(i,1),并结束循环;第 19～26 行中,若此时 boundary 仍大于 0,则以此时 boundary 为边界的中间失效样本更新 x_Fail 和 y_Fail,进入下一个 while 循环,直至 boundary 小于 0。

代码 9.5 求解变异系数,展示最终结果并与蒙特卡罗法对比

```
1  deltai=zeros(i,1);
2  gama=zeros(i,1);
3  rhoj=NaN(i,Ni);
4  R=zeros(i,Ni);
5  for i_n=1:1:i
6      for k=0:1:Ni-1
7          for l=1:1:Ni-k
8              R(i_n,k+1)=R(i_n,k+1)+sum((Yf{i_n,1}(Ni*(1:...
9                  N0*p0-1)+l)<boundary(i_n)).*(Yf{i_n,1}(Ni...
10                 * (1:N0*p0-1)+l+k)<boundary(i_n)));
11         end
12         R(i_n,k+1)=R(i_n,k+1)/(N0-k*N0*p0)-pf_t(i_n)^2;
13         rhoj(i_n,k+1)=R(i_n,k+1)/R(i_n,1);
14         if k>0
15             gama(i_n)=(1-(k+1)*p0)*rhoj(i_n,k+1)+gama(i_n);
16         end
17     end
18     gama(i_n)=2*gama(i_n);
19     deltai(i_n)=sqrt((1-...
20     pf_t(i_n))/(N0*pf_t(i_n))*(1+gama(i_n)));
21 end
22 pf=prod(pf_t)
23 beta=-norminv(pf)
```

```
24    delta=sqrt(sum(deltai.^2))
25    No_gfun
26    NoMCS=(1-pf)/(pf*delta^2)
```

代码 9.5 中第 1～4 行首先定义了对应式(9-6)～式(9-9)中的 δ_i、γ_i、ρ_i 以及 R_i；第 5～21 行则按照对应公式进行计算。第 22 行为最终计算的失效概率 p_f，这里没有采用分号终止输出可以将最后结果在 Matlab 命令窗口展示。第 23～26 行中，beta 为失效概率 p_f 对应的可靠度指标 β；delta 为求得 p_f 的变异系数 δ；No_gfun 为调用功能函数次数；NoMCS 为求解相同失效概率 p_f，以及变异系数 δ 时，由式(7-16)估算的采用直接蒙特卡罗模拟所需要计算的样本量。由此可以对两种方法的计算效率形成对比。

代码 9.6 采用 M-H 采样算法从上一子集的失效样本中生成下一子集样本

```
1     function X=MH(x0,gi,nsamples)
2     global No_gfun
3     load Pra xm Cx xsd
4     dx=length(x0);
5     for i=1:nsamples
6         x_c=x0;
7         for k=1:dx
8             x_c(k)=normrnd(x0(k),xsd(k));
9         end
10        alpha=mvnpdf(x_c,xm,Cx)/mvnpdf(x0,xm,Cx);
11        r=rand(1);
12        if r< alpha
13            gx_c=g_fun(x_c);
14            No_gfun=No_gfun+1;
15            if gx_c<gi
16                x0=x_c;
17            end
18        end
19        X(i,:)=x0;
20    end
```

代码 9.6 在 MATLAB 中定义了 M-H 函数，采用 M-H 采样算法从上一子集中进入下一子集的种子样本扩增下一子集样本数至 N_0。输入参数 x_0 为上一子集的一个失效样本，g_i 为上一子集功能函数失效边界，$n_{samples}$ 为每个失效样本的游走次数，本例中采用的代码 9.1 定义的参数 n_j 为 10。第 4～20 行的 for 循环中，对于失效样本，在每次基于马尔可夫链的随机游走中生成候选样本 x_c,第 6～8 行生成以该样本为均值,xsd 为标准差的一个随机游走样本,第 9 行计算该样本的接受概率储存为变量 alpha,第 11 行生成随机数 r。若 r＜alpha,则将继续第 11～14 行的判断,否则拒绝该候选样本。第 11～14 行判断该样本功能函数值是否处于该子集功能函数边界 g_i 内,若是则接受转移,反之则拒绝转移。

本算例中,由于子集样本个数 $N_0 = 1\,000$,子集失效概率 $p_0 = 0.1$,故每个子集内的进入下一子集的种子样本为 100,而每个种子样本进行 10 次马尔可夫链上的游走,生成 10 个样本,故生成下一子集的样本数为 $1\,000$,即每个子集的样本数都是 $1\,000$。为求解功能函数值,定义了 MATLAB 函数 gfun. m 如下所示。

代码 9.7　计算功能函数值

```
1    function y=g_fun(x)
2    y=exp(x(:,1)+6)-x(:,2);
```

在 MATLAB 中,将代码 9.1 至代码 9.7 合并成脚本文件 nonlinear. m,运行可得代码中各变量的值如下:

p_f=0.31%; beta =2.73; delta =0.27; No_gfun =4042; NoMCS =6038

即此时计算的失效概率是 0.31%,可靠度指标 $\beta = 2.73$,失效概率的变异系数为 0.27,计算过程中共调用功能函数 $4\,042$ 次。如果使用直接蒙特卡罗模拟,基于式(7-16)估算的所需功能函数计算次数为 $6\,038$。在计算中共构建了 2 层子集,每层子集中的模拟样本数 $N_0 = 1\,000$,其中 100 个样本进入下一层子集作为种子样本,最后一层子集中失效样本有 310 个。最终计算的失效概率使用式(9-2)计算,为各层子集对应的条件概率相乘,即 $0.1 \times 0.1 \times 0.31 = 0.31\%$。

为了更直观地表达该算例中的子集抽样过程,子集模拟过程的样本点展示于图 9-2 中。可以看出,随着子集的迭代,模拟样本点逐渐向失效域靠近,更多的模拟样本落在失效域。当功能函数自变量超过 2 个时,子集模拟的子集间边界是基于 M-H 采样算法的近似数值解。

讨论:

由上述运行结果可以看出,本例中采用子集模拟方法进行运算时,最终样本数为 $2\,800$(其中有 200 个样本为种子样本,重复用了 2 次),其中,直接蒙特卡罗模拟获取的样本数量为 $1\,000$,故通过 M-H 采样获取的样本数量为 $1\,800$。为了获取这 $1\,800$ 个样本,运算次数为 $4\,042 - 3\,000 = 1\,042$ 次,故本次采样接受率为 $1\,042/1\,800 \approx 58\%$。且在本例中,采用子集模拟的计算效率仅略高于直接蒙特卡罗模拟。这是因为子集模拟只有在计算失效概率较小的问题时,其优势才能得以体现。

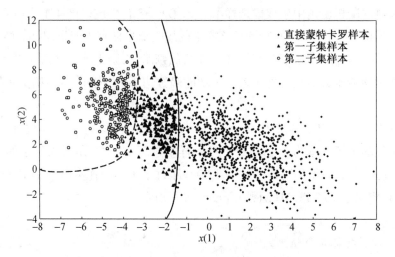

图 9-2 子集抽样的模拟样本生成过程

为了说明这个问题,我们不妨将本例中变量的均值进行更改使其失效概率变化再运行代码观察其结果。其功能函数为 $g(x_1, x_2) = \exp(x_1+6) - x_2$,原均值为 $\mu(1, 2)$,改成 $\mu(0, 3)$ 后,其失效概率将增大,运行代码结果如下:其功能函数为 $g(x_1, x_2) = \exp(x_1+6) - x_2$,原均值为 $\mu(1, 2)$,改成 $\mu(0, 3)$ 后,其失效概率将增大,运行代码结果如下。

```
pf =1.12%;beta =2.28;delta =0.22;No_gfun =2519;NoMCS =1884。
```

即此时计算的失效概率是 1.12%,可靠度指标 $\beta = 2.28$,失效概率的变异系数为 0.22,计算过程中共调用功能函数 2519 次。如果使用直接蒙特卡罗模拟,基于式(7-16)估算的所需功能函数计算次数为 1884。可以看到此时子集模拟的计算效率甚至不如直接蒙特卡罗模拟;将均值改成 $\mu(3, 1)$,则此时失效概率将变小,运行代码结果如下。

```
pf =0.027%;beta =3.46;delt a=0.33;No_gfun =5564;NoMCS =34880。
```

即此时计算的失效概率是 0.027%,可靠度指标 $\beta = 3.46$,失效概率的变异系数为 0.33,计算过程共调用功能函数 5564 次。如果使用直接蒙特卡罗模拟,基于式(7-16)估算的所需功能函数计算次数为 34880。此时子集模拟的运算量仅约为直接蒙特卡罗模拟的 $1/6$。可以看出,子集模拟方法用在概率越小的问题中越具有优势。

9.4.2 条形基础问题

【例 9.2】 在例 3.2 的基础上采用子集模拟方法进行求解条形基础可靠度问题。

扫描二维码获取本算例代码

解: 本算例中, 采用子集样本个数 $N_0 = 1\,000$, 子集失效概率 $p_0 = 0.1$。采用代码与例 4.1 中相比, 只需更改代码 9.1 的输入参数以及代码 9.7 的功能函数, 具体如下。

```
代码9.8    更改输入参数
1    global No_gfun
2    xm=[15 20 200];
3    xsd=[5 2 30];
4    xr=eye(3);
5    Cx=(xsd'*xsd).*xr;
6    save Pra xm Cx xsd
7    No_gfun=0;
8    p0=0.1;
9    N0=1000;
10   Ni=1/p0;
11   nj=10;
12   Xf=cell(nj,1);
13   x_next=mvnrnd(xm',Cx,N0);
14   Xf(1,1)={x_next};
15   y_next=NaN(N0,1);
16   boundary=NaN(nj,1);
```

其中, 代码 9.8 较代码 9.1 只更改了 xmean、xsd、xr 等基本输入参数。功能函数可基于代码 7.6 的计算条形基础承载力的函数 q_u. m 编写, 如下所示。

```
代码9.9    计算条形基础算例功能函数值
1    function y=g_fun(x)
2    q_ult =q_u(x);
3    q=x(3);
4    y=q_ult-q;
```

运行相关 MATLAB 中的代码可得此时计算的失效概率是 22.4%, 可靠度指标 $\beta = 0.775\,8$, 失效概率的变异系数为 0.06, 计算过程中共调用功能函数 1 000 次。由于此时失效概率大于 p_0, 只有原始样本, 没有生成子集, 故相当于直接蒙特卡罗模拟。为了进一步演示子集模拟法的应用, 假设超载的均值改变 $\mu_q = 50\ \text{kPa}$, 其余条件不变。此时在计算中共构建了 2 层子集, 分析结果输出如下。

```
pf =0.41%; beta =2.6462; delta =0.2170; No_gfun =3948; NoMCS =5198。
```

即此时计算的失效概率是 0.41%,可靠度指标 $\beta=2.6462$,失效概率的变异系数为 0.2170,计算过程中共调用功能函数 3 948 次。如果使用直接蒙特卡罗模拟,基于式(7-16)估算的所需功能函数计算次数为 5 198。

9.4.3 无限长边坡问题

【例9.3】 在例 3.3 的基础上采用子集模拟方法进行求解无限长边坡可靠度问题。

解:本算例中,采用子集样本个数为 $N_0=1000$,子集失效概率为 $p_0=0.1$。采用代码与例 4.1 中相比,只需更改代码 9.1 中的输入参数以及代码 9.7 的功能函数,如下所示。

扫描二维码获取本算例代码

```
代码9.10   更改输入参数
1    global No_gfun
2    xm=[10 38 0.5 3 0.02];
3    xsd=[2 2 0.05 0.6 0.07];
4    xr=eye(5);
5    Cx=(xsd'*xsd).*xr;
6    save Pra xm Cx xsd
7    No_gfun=0;
8    p0=0.1;
9    N=1000;
10   Ni=1/p0;
11   nj=10;
12   Xf=cell(nj,1);
13   x_next=mvnrnd(xm',Cx,N);
14   Xf(1,1)={x_next};
15   y_next=NaN(N,1);
16   boundary=NaN(nj,1);
```

其中,代码 9.10 较代码 9.1 只更改了 xmean、xsd、xr 等基本输入参数。功能函数可使用代码 3.6 中的例 3.2 的功能函数 g_fun.m。将代码 9.10、代码 9.2 至代码 9.6 合并成 MATLAB 中的脚本文件即可使用子集模拟法分析本算例。由于本算例原始问题失效概率较高,子集模拟应用不便,为了更好地演示子集模拟法的应用,假设所有不确定性参数的标准差都变为原来的 10%,其余条件不变。此时在计算中共构建了 2 层子集,分析结果输出为:

pf =0.21%; beta =2.8612; delta =0.2651; No_gfun =3742; NoMCS =6728。

即此时计算的失效概率是 0.21%,可靠度指标 $\beta = 2.8612$,失效概率的变异系数为 0.2651,计算过程中共调用功能函数 3742 次。如果使用直接蒙特卡罗模拟,基于式(7-16) 估算的所需功能函数计算次数为 6728。可以看出,当时失效概率较小时,子集模拟法相比于直接蒙特卡罗模拟方法具有更高的计算效率。

9.5　复杂岩土及地质工程问题的子集模拟法可靠度分析

9.5.1　浅基础沉降问题

【例 9.4】　在例 2.2 的基础上,采用子集模拟方法对例 3.4 浅基础沉降问题进行求解。

扫描二维码获取本算例代码

解:本算例中,采用子集样本个数 $N_0 = 50$,子集失效概率为 $p_0 = 0.5$。

计算文件主要包含以下 3 个组成部分:

(1) 采用代码 3.7 生成的 Pra. mat。

(2) 例 2.2 中的 FLAC^{3D} 计算文件 shallowfoundation_par. f3dat。

(3) 执行子集模拟的主程序。由于本例功能函数为隐式,代码 9.1、代码 9.2 需要采用如下代码替换。

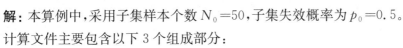

代码 9.11　subset.m 中初始定义参数及初始样本计算

```
1    clear
2    load Pra
3    p0=0.5;
4    N=50;
5    Ni=1/p0;
6    nj=10;
7    x_next=mvnrnd(zeros(1,length(xm)),eye(length(xm)),N);
8    y_next=NaN(N,1);
9    boundary=NaN(nj,1);
10   parfor i=1:N
11       y_next(i,1)=CallFLAC_par(i,x_next(i,:));
12   end
```

代码 9.11 中,初始参数加载通过第 2 行实现,第 3、4 行中,子集概率 p_0 取值 0.5,而子集样本数 N 取 50,这是由于数值计算单个样本时间过长,此处主要目的是为了演示,故采取该计算次数较少的示例性方案。Au 和 Beck[1] 建议使计算结果精度较高的子集概率可取值为 0.1～0.3,感兴趣的读者可进一步试算探索。第 11 行 MATLAB 函数 CallFLAC_par. m 替代了代码 9.2 中的 g_fun(参考代码 2.17),并实施并行计算,以提高计算效率。

将代码 9.11、代码 9.3 至代码 9.5 组合成主程序，运行可得：

```
pf =25%；beta =0.67；delta =0.18；No_gfun =121
```

即此时计算的失效概率是 25%，可靠度指标 $\beta = 0.67$，失效概率的变异系数为 0.18，计算过程中共调用功能函数 121 次。在计算中共构建了 1 层子集，每层子集中的模拟样本数 $N_0 = 50$，其中 25 个样本进入下一层子集作为种子样本，最后一层子集中失效样本有 25 个。最终计算的失效概率使用式（9-2）计算，为各层子集对应的条件概率相乘，即 $0.5 \times 0.5 = 25\%$，NoMCS 为 93。

此时子集模拟层数为 1 层，为了获取 25 个样本，调用了 21 次功能函数，接受率约为 21/25。此时子集模拟层数为 1 层，为了获取 25 个子集样本，调用了 21 次功能函数，故接受率为 $21/25 = 84\%$。

9.5.2　边坡稳定性问题

【例 9.5】　在例 3.5 的基础上，采用子集模拟方法对边坡稳定性问题进行可靠度分析。

扫描二维码获取本算例代码

解：本算例中，由于子集样本个数为 $N_0 = 50$，子集失效概率为 $p_0 = 0.5$。

计算文件主要包含以下 3 个组成部分：

（1）采用代码 3.12 生成的 Pra. mat。

（2）例 3.5 中的 FLAC^{3D} 计算文件 uniformslope_par. f3dat。

（3）采用与例 9.4 相同的主程序。其中实施并行计算的 MATLAB 函数 CallFLAC_par. m 与例 3.5 保持一致。

运行上述计算文件可得。

```
pf =16.5%；beta =0.97；delta =0.22；No_gfun =190。
```

即此时计算的失效概率是 16.5%，可靠度指标 $\beta = 0.97$，失效概率的变异系数为 0.22，计算过程中共调用功能函数 190 次。在计算中共构建了 2 层子集，每层子集中的模拟样本数 $N_0 = 50$，其中 25 个样本进入下一层子集作为种子样本，最后一层子集中失效样本有 33 个。最终计算的失效概率使用式（9-2）计算，为各层子集对应的条件概率相乘，即 $0.5 \times 0.5 \times 33/50 = 16.5\%$。为了获取 50 个子集样本，调用功能函数 40 次，接受率为 $40/50 = 80\%$。

9.5.3　盾构隧道收敛变形问题

【例 9.6】　在例 3.6 的基础上,采用子集模拟方法对盾构隧道收敛变形问题进行可靠度分析求解。

扫描二维码获取本算例代码

解: 本算例中,由于子集样本个数为 $N_0 = 50$,子集失效概率为 $p_0 = 0.5$。

计算文件主要包含以下 3 个组成部分:

(1) 采用代码 3.17 生成的 Pra.mat。

(2) 例 3.6 中的 FLAC^{3D} 计算文件 tunnel_par.f3dat。

(3) 采用与例 9.4 相同的主程序。其中实施并行计算的 MATLAB 函数 CallFLAC_par.m 与例 3.6 保持一致。

运行上述计算文件可得:

```
pf =28%; beta =0.58; delta =0.17; No_gfun =122; NoMCS =89。
```

即此时计算的失效概率是 28%,可靠度指标 $\beta = 0.58$,失效概率的变异系数为 0.17,计算过程中共调用功能函数 122 次。在计算中共构建了 1 层子集,每层子集中的模拟样本数为 $N_0 = 50$,其中 25 个样本进入下一层子集作为种子样本,最后一层子集中失效样本有 28 个。最终计算的失效概率使用式(9-2)计算,为各层子集对应的条件概率相乘,即 $0.5 \times 28/50 = 28\%$。为了获取 25 个子集样本,调用功能函数 22 次,接受率为 $22/25 = 88\%$。同样的,将计算文件置于同一个文件夹并运行主程序 subset.m,可得:

```
pf=28%; beta=0.5828; delta=0.17; No_gfun=122; NoMCS=89。
```

此时子集模拟层数为 1 层,为了获取 25 个子集样本,调用功能函数 22 次,接受率为 $22/25 = 88\%$。原因是失效概率较高。

通过比较上述三个数值模拟问题的接受率我们可以看出,子集层数越少,失效概率越大,游走样本的接受率越高。这是因为此时游走样本落在失效域的概率越大。由于样本接受时需要调用功能函数验证其是否落在边界内,导致功能函数调用次数变多,实际的计算效率则变低。故子集模拟的优势在于解决小概率问题。

9.6　小结

本章介绍了岩土及地质工程可靠度分析的子集模拟法。子集模拟法是近年来可靠度分析领域的重大创新,在边坡稳定性(如曹子君等[10];Li 等[11];Van Den Eijnden 和 Hicks[12];Ji 等[13])、地下管线(如 Tee 等[14])、基础工程(如 Ahmed 和 Soubra[15];邵克博等[16];Yang 等[17])、挡土墙(如 Gao 等[18])等岩土及地质工程可靠度分析问题中获得了广泛的采用。一些学者还对子集模拟方法进行拓展。例如,Tong 等[19]将子集模拟法与克里金方法结合,并用于可靠度分析问题;Giovanis 等[20]在贝叶斯分析中同时使用子集模拟法与人工神经网络;Jiang 等[21]将子集模拟其应用到了边坡钻孔的信息价值分析中需要反复计算失效概率的场景。目前,作为一种新兴的、极具潜力的可靠度分析方法,子集模拟法仍在不断快速发展中。

参考文献

[1] Au S K,Beck J L. Estimation of small failure probabilities in high dimensions by Subset Simulation[J]. Probabilistic Engineering Mechanics,2001;16(4):263-277.

[2] Au S K,Wang Y. Engineering risk assessment with subset simulation[M]. Singapore:John Wiley & Sons,2014.

[3] Au S K. Ching J,Beck J L. Application of subset simulation methods to reliability benchmark problems[J]. Structural Safety,2007,29(3):183-193.

[4] Au S K. On MCMC algorithm for subset simulation[J]. Probabilistic Engineering Mechanics,2016,43:117-120.

[5] Papaioannou I,Betz W,Zwirglmaier K,et al. MCMC algorithms for Subset Simulation[J]. Probabilistic engineering mechanics,2015,41:89-103.

[6] Gelman A,Carlin J B,Stern H S,et al. Bayesian data analysis[M]. Chapman and Hall/CRC,1995.

[7] Zuev K M,Beck J L,Au S K,et al. Bayesian post-processor and other enhancements of Subset Simulation for estimating failure probabilities in high dimensions[J]. Computers & structures,2012,92:283-296.

[8] Miao F,Ghosn M. Modified subset simulation method for reliability analysis of structural systems [J]. Structural Safety,2011,33(4-5):251-260.

[9] Santoso A M,Phoon K K,Quek S T. Modified Metropolis-Hastings algorithm with reduced chain correlation for efficient subset simulation[J]. Probabilistic Engineering Mechanics,2011,26(2):331-341.

[10] 曹子君,王宇,区兆骐. 基于子集模拟的边坡可靠度分析方法研究[J]. 地下空间与工程学报,2013,9(2):425-429.

[11] Li D Q,Yang Z Y,Cao Z J,et al. System reliability analysis of slope stability using generalized subset simulation[J]. Applied Mathematical Modelling,2017,46:650-664.

[12] Van Den Eijnden A P,Hicks M A. Efficient subset simulation for evaluating the modes of improbable slope failure[J]. Computers and Geotechnics,2017,88:267-280.

[13] Ji J,Zhang W,Zhang F,et al. Reliability analysis on permanent displacement of earth slopes using the simplified bishop method[J]. Computers and Geotechnics,2020,117:103286.

[14] Tee K F,Khan L R,Li H. Application of subset simulation in reliability estimation of underground pipelines[J]. Reliability Engineering & System Safety,2014,130:125-131.

［15］ Ahmed A，Soubra A H. Probabilistic analysis of strip footings resting on a spatially random soil using subset simulation approach［J］. Georisk：Assessment and Management of Risk for Engineered Systems and Geohazards，2012，6(3)：188-201.

［16］ 邵克博，曹子君，李典庆. 基于子集模拟的浅基础扩展可靠度设计［J］. 武汉大学学报（工学版），2017,50(4):517-525.

［17］ Yang Y J，Li D Q，Cao Z J，et al. Geotechnical reliability-based design using generalized subset simulation with a design response vector［J］. Computers and Geotechnics，2021，139：104392.

［18］ Gao G H，Li D Q，Cao Z J，et al. Full probabilistic design of earth retaining structures using generalized subset simulation［J］. Computers and Geotechnics，2019，112：159-172.

［19］ Tong C，Sun Z，Zhao Q，et al. A hybrid algorithm for reliability analysis combining Kriging and subset simulation importance sampling［J］. Journal of Mechanical Science and Technology，2015，29(8)：3183-3193.

［20］ Giovanis D G，Papaioannou I，Straub D，et al. Bayesian updating with subset simulation using artificial neural networks［J］. Computer Methods in Applied Mechanics and Engineering，2017，319：124-145.

［21］ Jiang S H，Papaioannou I，Straub D. Optimization of Site-Exploration Programs for Slope-Reliability Assessment［J］. ASCE-ASME Journal of Risk and Uncertainty in Engineering Systems，Part A：Civil Engineering，2020,6(1)：04020004.

第 10 章

随 机 场 法

10.1　引言

由于土体是一种长期地质作用下的天然产物,即使在同一个地层中,不同空间位置的土体性质也不完全相同。一般而言,两点距离越远,土体性质差别越大。这种性质常被称为空间变异性。土体的空间变异性可通过随机场理论进行模拟。在随机场模型中,空间各点处的岩土体性质被模拟为不同的、相互关联的随机变量。本章将介绍随机场模型的基本原理和算法,及其在复杂岩土及地质工程可靠度分析中的应用案例。

10.2　随机场模型

在概率统计理论中,随机场定义为空间上的连续随机过程,如三维空间随机场 X 可表示如下:

$$X = X(x, y, z) \tag{10-1}$$

在岩土工程中,由于不同年代的地质运动,岩土体具有水平分层的性质,通常选择将问题转化为二维或轴对称问题。在不考虑水平 y 方向纵深的情况下则二维随机场可表示为

$$X = X(x, z) \tag{10-2}$$

岩土工程问题中一般假设随机场模型的一阶矩和二阶矩存在,则与一般随机过程性质类似,随机场可由均值函数和自相关函数刻画。

$$\mu(x, z) = E[X(x, z)] \tag{10-3}$$

$$R(x_1, z_1, x_2, z_2) = E[X(x_1, z_1)X(x_2, z_2)] \tag{10-4}$$

有时也可用自协方差函数来表示随机场的特征,自协方差函数和均值函数、自相关函数的关系为

$$C(x_1, z_1, x_2, z_2) = R(x_1, z_1, x_2, z_2) - \mu(x_1, z_1)\mu(x_2, z_2) \tag{10-5}$$

考虑到岩土工程中的勘察数据往往非常有限,模型复杂化不一定使得结果更优(Juang 等[1])。因此,在实际应用中常采用平稳随机场模型,对于平稳随机场而言,均值函数和自协方差函数简化为

$$\mu(x,z)=\mu \tag{10-6}$$

$$C(x_1,z_1,x_2,z_2)=C(|x_1-x_2|,|z_1-z_2|)=C(\tau_x,\tau_z) \tag{10-7}$$

平稳随机场的自相关特征常用标准差 σ 和自相关系数函数 $\rho=\rho(\tau)$ 来描述,其中 τ 表示两点之间的相对距离,ρ 表示两点的随机变量间的相关系数。自协方差函数、标准差 σ 和自相关系数函数 $\rho(\tau)$ 的关系为

$$C(\tau)=\sigma^2\rho(\tau) \tag{10-8}$$

自相关系数函数 $\rho(\tau)$ 刻画了随机场模型的自相关特征,是随机场空间变异性结构的重要表征。对于自相关系数函数 $\rho(\tau)$,目前已有多种模型,如简单指数型(如 Cho[2];Hicks 和 Samy[3];Li 等[4];Liu 等[5];Yang 等[6];Hu 等[7])、高斯型(如 Ronold[8];薛亚东等[9];Li 等[4])、余弦指数型(如程强等[10];Cafaro 和 Cherubini[11];Uzielli 等[12])等。自相关系数函数的直观意义是相距一定长度 τ 的两点的随机变量间的相关系数 $\rho(\tau)$。显然,自相关系数函数要满足非负定性条件。自相关系数函数一个重要的特征是:

$$\lim_{x\to0}\rho(\tau)=1 \tag{10-9}$$

这个特征符合了人们对于岩土体参数具有一定连续性的认知,即相距很近的两点的性质几乎没有差别,则其相关系数应为 1。自相关系数函数的关键参数为波动尺度(Scale Of Fluctuation,SOF)。相关距离(Vanmarcke[13])可定义为

$$\delta=\int_{-\infty}^{+\infty}\rho(\tau)\mathrm{d}\tau=2\int_0^{+\infty}\rho(\tau)\mathrm{d}\tau \tag{10-10}$$

相关距离的物理意义为:在某点相关距离以外的点的性质与该点几乎没有相关性。相关距离与空间相关性成正相关,与空间变异性成负相关,当相关距离趋向无穷大时,随机场在空间上趋于均质,退化为传统的随机变量模型。以上就是随机场的基本原理。

10.3　随机场的离散化

对于岩土工程而言,在使用随机场模型计算时其力学机理更加复杂,失效模式也更加多样,许多问题往往并没有显式解。这时我们就需要利用数值分析工具进行确定性分析。为了适用于岩土工程模型差分数值计算,需要先对随机场进行离散化处理。考虑地下工程分析时,对岩土体空间变异性常常采用有限单元法、有限差分法等数值分析方法。这些方法涉及对单元网格的岩土体参数进行赋值。因为单元网格是有限的,因为我们只能用有限个随机变量来代表岩土参数随机场,生成这些随机变量的样本的过程即为随机

场的离散。随机场的离散网格可以和有限单元网格相同，也可以和有限单元网格不同，通常根据计算需要来决定。一般为了计算方便，可使随机场的离散网格与有限单元网格相同。

中心点法是指将研究的特定几何区域 Ω 划分为 n 个随机场单元，单元 e_i 所对应的几何区域 Ω^i 的中心点为 u_i。假定某随机场函数为 $X(u)$，中心点法即通过各单元中心点的值 $X(u_i)$ 来表征该随机场的属性，其计算式如下：

$$X(u) = X(u_i) \tag{10-11}$$

中心点法通过用模型中每个单元中心点处的岩土体参数随机变量来代表整个单元的岩土体参数，也就是用所有单元中心点处的岩土体参数随机变量的联合分布来代表整个岩土体各部分土体参数的联合分布。如使用的岩土工程数值分析模型中有 N 个单元网格，则随机场的离散化需要生成所有单元中心点处的岩土体参数随机变量的 N 维的概率分布样本。一般来说，当岩土体参数的概率分布比较简单，或可以表示成简单分布的函数变换时，使用中心点法比较方便。

例如，若岩土体参数服从多元正态分布，c 和 φ 为变量，变量之间的相关系数为 ρ，则需要确定其均值向量 $\boldsymbol{U}$ 和协方差矩阵 $\boldsymbol{C}$。均值向量即为随机场的均值函数 $u(x)$ 在这 N 个点的函数值 $u(x_i)$ 组成的向量，协方差矩阵由这 N 个点两两之间的自相关矩阵 $\boldsymbol{R}(i, j)$、矩阵变量的标准差和变量之间的相关系数组成。自相关矩阵 $\boldsymbol{R}(i, j)$ 由自相关函数 $r(i, j)$ 构成。自相关函数 $r(i, j)$ 由水平波动尺度 δ_x、竖直波动尺度 δ_y 以及任意两点的坐标组成。常见的自相关函数有单指数型和双指数型，其计算式如下：

$$\boldsymbol{U} = \left[u_c(x_1), u_c(x_2), \cdots, u_c(x_n); u_\varphi(x_1), u_\varphi(x_2), \cdots, u_\varphi(x_n) \right] \tag{10-12}$$

$$r(i, j) = \exp\left(-2\frac{|x_i - x_j|}{\delta_x} - 2\frac{|z_i - z_j|}{\delta_z} \right) \tag{10-13}$$

$$r(i, j) = \exp\left[-\pi\left(\frac{x_i - x_j}{\delta_x}\right)^2 - \pi\left(\frac{z_i - z_j}{\delta_z}\right)^2 \right] \tag{10-14}$$

$$\boldsymbol{R}(i, j) = \begin{bmatrix} 1 & & & & & \\ r(2,1) & 1 & & \text{对称} & & \\ \vdots & \vdots & \ddots & & & \\ r(i,1) & \cdots & r(i,j) & \ddots & & \\ \vdots & \vdots & \vdots & \vdots & \ddots & \\ r(n,1) & r(n,2) & r(n,j) & \cdots & \cdots & 1 \end{bmatrix} \tag{10-15}$$

$$\boldsymbol{C} = \begin{bmatrix} \sigma_c^2 \boldsymbol{R}(i,j) & \sigma_c \sigma_\varphi \rho \boldsymbol{R}(i,j) \\ \sigma_\varphi \sigma_c \rho \boldsymbol{R}(i,j) & \sigma_\varphi^2 \boldsymbol{R}(i,j) \end{bmatrix} \tag{10-16}$$

获得均值向量 $\boldsymbol{U}$ 和协方差矩阵 $\boldsymbol{C}$ 即可生成 N 维概率分布的样本，实现随机场的离散化。若岩土体参数为某正态分布变量的函数,则可先生成正态分布变量的样本,进而通过函数变换得到岩土体参数随机场的离散化样本。本章中算例中的随机场均采用中心点法进行离散。

除了中心点法,随机场的离散化还可以使用局部平均法(如薛亚东等[9])、Karhunen-Loeve(K-L)正交展开(如 Karhunen[14];Loève[15];Ghanem 和 Spanos[16])等方法。局部平均法即使用随机场网格内的平均值作为网格的代表值(如 Zhu[17]);K-L 正交展开法即对随机场进行特征分解后展开到频域,从而将高维相关变量问题转化为独立变量问题(如 Li 等[4])。在离散网格数或展开项数足够多时,各种离散方法的结果是等价的。有兴趣的读者可参阅相关文献资料进一步了解这些方法的细节。

10.4　基于随机场的可靠度分析流程

前面我们已经了解了随机场理论的基本原理、如何进行随机场参数的标定以及随机场的离散,在进行随机场模型计算前,我们要先建立 MATLAB-FLAC^{3D} 软件联合数据接口。进而可基于蒙特卡罗法来实现随机场方法下的可靠度分析,具体实施步骤表述如下。

(1) 首先,根据随机场概率分布的复杂程度选择合适的方法展开,对随机场模型进行离散化预处理。

(2) 根据所求可靠度问题建立有限差分计算模型,根据问题特点选定作为随机场变量的力学参数,编写有限差分计算中随机场参数输入函数。

(3) 根据问题背景获得参数的统计特征,如均值、标准差、随机场竖向和水平相关距离等。

(4) 根据结果与模拟次数的关系选定蒙特卡罗模拟次数 N,对随机场变量进行随机场离散,并将生成的 N 组随机场变量输入到有限差分模型中。

(5) 将第 i 组随机场变量复合地基有限差分模型的材料参数输入数值模拟软件中,进行第 i 次随机有限差分计算,计算中 FLAC^{3D} 将记录所需数据,并完成计算数据和 MATLAB 之间的数据交换,由 MATLAB 来存储每次计算结果。

(6) 将步骤(5)重复 N 次,并对结果进行统计分析。

(7) 使用蒙特卡罗法计算失效概率,定义变换函数 $I(x)$,当 x 在失效域时为 1,不在失效域时为 0,蒙特卡罗法的失效概率估计值和其变异系数参照式(7-12)和式(7-17)。由于随机场模型的高维度特征,使用重要性抽样很困难,对随机场模型的子集模拟方法已有少量文献研究,如蒋水华等[18]。

10.5　复杂岩土及地质工程问题的随机场法可靠度分析

考虑岩土体空间变异性的随机场是一个高维多变量的模型,与之相关的岩土及地质工程问题通常没有显式解析解。本节将分别以浅基础、边坡、隧道三个模型算例来展示随机场方法用于计算安全系数或变形过程的流程，以及如何实现 MATLAB 和 FLAC[3D] 之间的读写和调用。为了便于读者更好地理解随机场方法，随机场算法的流程如图 10-1 所示。

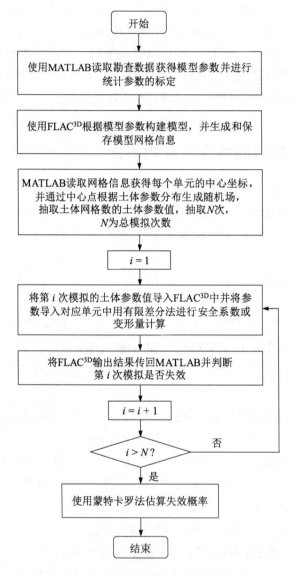

图 10-1 随机场算法流程示意图

在后续展示的 3 个算例中，例 10.1 和例 10.3 均为单变量随机场模型，例 10.2 为多变量随机场模型。其中，波动尺度采用了参考取值，例 10.1 和例 10.3 与弹性模型有关（Zhang 等[19]），例 10.2 与不排水边坡模型有关（Phoon 和 Kulhawy[20]）。本章节算例的失效概率计算参考第 7 章中蒙特卡罗法的式(7-11)和式(7-13)中对失效概率的估计，通过引入失效域的判定标准，如例 10.1 和例 10.3 中以变形的极限值作为判定，例 10.2 中以安全系数为 1 作为标准判定是否落入失效区，进而求出失效概率，该方法的估计精度随样本数的增加而逐渐提高。

10.5.1　浅基础沉降问题

【例 10.1】　在例 2.2 的基础上，选取弹性模量 E 作为随机场变量即 $\boldsymbol{x} = [E]$，考虑其空间变异性分析浅基础可靠度问题。本算例中土体参数 E，其均值为 15 MPa、变异系数为 0.3、标准差为 4.5 MPa，自相关函数为单指数型（10-13），x 方向相关距离为 60 m，z 方向相关距离为 30 m。其余各参数值、模型结构几何尺寸和荷载情况与例 3.1 相同。

扫描二维码获取本算例代码

解：考虑空间变异性条件下，土体的性质不再对称，因此不能继续采用半尺寸模型。此时上覆荷载数值不变，作用范围为整个上表面。

（1）第一步是构建浅基础模型并获取模型信息。在代码 2.5 的基础上将半尺寸模型拓展至全尺寸模型，代码如下。

代码 10.1　FLAC³ᴰ 建立全尺寸浅基础沉降分析模型

```
1    model large-strain off
2    plot item create zone active on contour displacement
3    zone create brick p 0 25 0 -5 p 1 30 0 -5 p 2 25 1 -5 &
4    p 3 25 0 0 size 10 2 10 group 'soil'
5    zone create brick p 0 25 0 -30 p 1 30 0 -30 p 2 25 1 -30 &
6    p 3 25 0 -5 size 10 2 20 r 1 1 0.92 group 'soil'
7    zone create brick p 0 0 0 -5 p 1 25 0 -5 p 2 0 1 -5 &
8    p 3 0 0 0 size 20 2 10 r 0.92 1 1 group 'soil'
9    zone create brick p 0 0 0 -30 p 1 25 0 -30 p 2 0 1 -30 &
10   p 3    0 0 -5 size 20 2 20 r 0.92 1 0.92 group 'soil'
11   zone reflect origin 30 0 0 normal 1 0 0
12   zone face skin
13   zone face apply velocity-normal 0 range group 'West' or 'East'
14   zone face apply velocity-normal 0 range group 'North' or 'South'
15   zone face apply velocity 0 0 0 range group 'Bottom'
```

获取模型信息主要是通过 fish 函数读取模型中每个单元的形心坐标，如代码 10.1 所示。

代码 10.2　FLAC³ᴰ 获取单元形心坐标

```
1    fish define position
2        array centerx(10000)
3        array centery(10000)
```

```
4        array centerz(10000)
5        i=1
6        p_z=zone.head
7        loop while p_z #  null
8            centerx(i)=float(zone.pos.x(p_z))
9            centery(i)=float(zone.pos.y(p_z))
10           centerz(i)=float(zone.pos.z(p_z))
11           p_z =zone.next(p_z)
12           i=i+1
13       endloop
14       file.open('Geom/Centerx.txt',1,1)
15       file.write(centerx,i-1)
16       file.close
17       file.open('Geom/Centery.txt',1,1)
18       file.write(centery,i-1)
19       file.close
20       file.open('Geom/Centerz.txt',1,1)
21       file.write(centerz,i-1)
22       file.close
23  end
24  @ position
25  model save 'Model0'
```

代码 10.1 中,FLAC^{3D} 自带的求解形心坐标的 fish 函数"zone. pos",代码 10.1 第 8~10 行可以调用该函数获得单元的形心坐标,获得每个单元的 x,y,z 坐标后,分别以 "Centerx. txt""Centery. txt""Centerz. txt"文件的形式存于随机场读取中心点的文件夹中(本例为"Geom"文件夹)。最后保存模型文件"Model0. sav"。将以上代码 10.1 和代码 10.1 组合成文件 Export_rawgrid. f3dat 以备调用。

（2）接下来通过弹性模量 E 的均值和变异系数生成单变量随机场,随机抽取每次模拟所需的土体参数 E。输入土体参数数据,并根据式(1-20)和式(1-21)计算 E 对数正态分布下的均值和标准差,如代码 10.3 所示。

代码 10.3　MATLAB 输入土体参数

```
1    mu_E=15e6; % 变量 E 的均值
2    d_E=0.3; % 变量 E 的变异系数
3    ksi2_E=log(1+d_E^2);
4    lambda_E=log(mu_E)-0.5*ksi2_E;
```

```
5    ksi2_E=log(1+ d_E^2);
6    lambda_E=log(mu_E)-0.5*ksi2_E;;
```

　　然后通过 MATLAB 调用 FLAC^{3D} 命令流文件 Export_rawgrid. f3dat,获得形心坐标输入 MATLAB 中,如代码 10.4 所示。

代码 10.4　MATLAB 调用 FLAC^{3D} 命令流文件获得形心坐标信息

```
1    mkdir('Geom')
2    SysCom=[Dir,' call "Export_rawgrid.f3dat"'];
3    status=1;
4    while status~=0
5        status=system(SysCom);
6        if status~=0
7            fprintf(2,strcat('!!! Abnormal exit code:',...
8                {32},string(status),'\n'))
9        end
10   end
11   Center(:,1)=importdata('Geom\Centerx.txt');
12   Center(:,2)=importdata('Geom\Centery.txt');
13   Center(:,3)=importdata('Geom\Centerz.txt');
14   n=size(Center,1);
```

　　紧接着生成随机场的模拟实现,其中单变量随机场的均值向量 $\boldsymbol{\mu}$ 和协方差矩阵 $\boldsymbol{C}$ 参照第 1 章中式(1-23)和式(1-24),如代码 10.5 所示。

代码 10.5　MATLAB 生成随机场的模拟实现

```
1    NoS=1000;% 随机场的模拟次数
2    MU=repmat(lambda_E,n,1);% 多元正态分布的均值
3    delta_x=60; % x 方向自相关距离
4    delta_z=30; % z 方向自相关距离
5    R_0=0.5*eye(n);
6    for i= 1:1:n
7        for j=1:1:(i-1)
8            nd=2*(abs(Center(i,1)-Center(j,1))/delta_x...
9                +abs(Center(i,3)-Center(j,3))/delta_z);
10           R_0(i,j)=exp(-nd);
11       end
12   end
```

```
13  R_00=R_0+R_0';% 构建相关系数矩阵
14  C=[ksi2_E*R_00];
15  RF_E=exp(mvnrnd(MU,C,NoS)');% 生成对数正态随机场
```

浅基础模型弹性模量 *E* 的单次模拟随机数直方图如图 10-2 所示,为了让随机场在模型中的分布具有更好的可视化呈现,随机场离散后的 FLAC³D 土体参数模型图如图 10-3 所示。

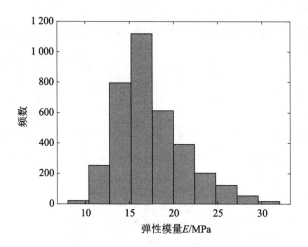

图 10-2　弹性模量 *E* 单次模拟随机数直方图

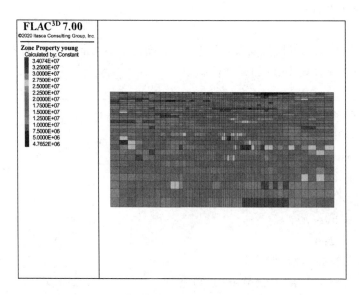

图 10-3　弹性模量 *E* 在随机场模型的示意图

代码 10.6 为读取随机场生成的离散值并写入文件便于后续 FLAC³D 进行计算时读取。

代码 **10.6**   MATLAB 将随机场变量的离散值写入文件

```
1    mkdir('RF')
2    for i=1:1:NoS
3        dlmwrite(['RF\E',num2str(i),'.txt'],RF_E(:,i),...
4            'delimiter','\t','newline','pc');
5    end
```

（3）接下来为并行计算分析做准备。代码 10.6 第 3 行在 FLAC^{3D} 中进行有限差分计算前先将每次模拟所需变量值写入文件，文件名为"E"加第 i 次模拟次数的 txt 文件。例如第 100 次模拟时，文件名为 E100. txt，以便传递给 FLAC^{3D} 进行计算。代码 10.7 为生成 NoF 个副本文件用于并行计算。

代码 **10.7**   MATLAB 设置并行计算的副本

```
1    NoF=10; % 设置并行计算的数目
2    for ioF=1:1:NoF
3        fid0=fopen('F3Analysis0.f3dat');
4        fid1=fopen(['F3Analysis0',num2str(ioF),'.f3dat'],'w');
5        Inputpos='def file_ioS';
6        nextline =fgetl(fid0);
7        while 1
8            fprintf(fid1,'% s\r\n',nextline);
9            if(strcmp(nextline,Inputpos)==1)
10               fprintf(fid1,'% s\r\n',...
11                   ['ioS1=',num2str(1+(ioF-1)*NoS/NoF)]);
12               fprintf(fid1,'% s\r\n',...
13                   ['ioS2=',num2str(ioF*NoS/NoF)]);
14               nextline =fgetl(fid0);
15           end
16           nextline =fgetl(fid0);
17           if ~ischar(nextline)
18               break
19           end
20       end
21       fclose('all');
22   end
```

代码 10.7 依据计算机算力设置并行池的数目 NoF，F3Analysis0. f3. dat 为被 MATLAB 调用的 FLAC^{3D} 计算程序，本段程序重写了 NoF 个 F3Analysis0. f3. dat 文件

的副本 F3Analysis01. f3. dat、F3Analysis02. f3. dat……,用于并行池的并行计算,第 10～13 行表示第 ioF 个副本文件执行第 ioS1 至第 ioS2 次模拟,并行计算实际上为每个副本文件承担总模拟次数的一部分,并将计算结果按照各自承担的部分进行分段保存。

（4）接下来为 MATLAB 调用 FLAC³ᴰ 进行有限差分计算的接口部分,如代码 10.8 所示。

```
代码10.8   MATLAB 调用 FLAC³ᴰ 的数据接口计算
1    parfor ioF=1:1:NoF
2        SysCom=[Dir,' call "F3Analysis0',num2str(ioF),'.f3dat"'];
3        status=1;
4        while status~=0
5            status=system(SysCom);
6            if status~=0
7                fprintf(2,strcat('!!! Abnormal exit code:',...
8                    {32},string(status),'\n'))
9            end
10       end
11       delete(['F3Analysis0',num2str(ioF),'.f3dat'])
12   end
13   delete('Model0.sav')
14   lim=0.1;
15   Def=zeros(NoS,1);
16   mkdir('Res')
17   for ioF=1:1:NoF
18       Def(1+(ioF)*NoS/NoF:ioF*NoS/NoF,1)=importdata([...
19           'Res/DefSub',num2str(1+(ioF-1)*NoS/NoF),...
20           '- ',num2str(ioF*NoS/NoF),'.txt']);
21   end
22   pf0=mean(Def>=lim)
```

代码 10.8 调用 FLAC³ᴰ 进行并行计算并对 FLAC 输出的变形量导入 MATLAB 中进行蒙特卡罗失效概率的判断计算。以上 MATLAB 代码按顺序合并为 MATLAB 运行主程序,此文件包含了随机场的生成以及 MATLAB 对 FLAC³ᴰ 调用进行并行计算的完整接口,将此文件作为主程序。

（5）接下来我们讲解被 MATLAB 调用的 FLAC³ᴰ 计算程序 F3Analysis0. f3. dat 如何实现对 MATLAB 生成的 E 进行接收、处理以及分析计算浅基础的变形。

首先,使用 FLAC³ᴰ 程序执行代码 10. 9,通过恢复 FLAC³ᴰ 储存的文件"Model0. sav"读取已建立的浅基础模型,并定义计算编号的代码。

188

代码 **10.9**　FLAC^{3D} 的模型文件读取和定义计算编号

```
1    model new
2    model restore 'Model0.sav'
3    fish define file_ioS
4    ;ioS1
5    ;ioS2
6    end
7    @ file_ioS
```

其中";ioS1"和";ioS2"是代码用于识别插入相关代码的识别字符,行首分号代表在FLAC^{3D} 中该行代码为注释,不会被计算机执行。

代码 10.10 使用 fish 函数 consPara 定义非随机变量类型的土体参数,使用 fish 函数 intialization 为土体参数变量准备数组存储空间。

代码 **10.10**　FLAC^{3D} 土体参数设置

```
1    fish define consPara
2        yo=10e6
3        dens=1900
4        pr=0.3
5        ten=0
6    end
7    @ consPara
8    zone cmodel assign elastic
9    zone property density @ dens young @ yo poisson @ pr
10   def intialization
11       RF_E=array.create(100000)
12       arrw=array.create(100000)
13   end
14   @ intialization
```

代码 10.10 中,consPara 函数首先定义非随机变量类型的土体参数:dens、yo、pr、ten,分别对应密度、杨氏模量、泊松比、张力;使用"zone cmodel assign"命令,将浅基础单元的力学模型设置为"elastic";def intialization 函数构建数组 RFe 来储存从 MATLAB 导入的数据。

代码 10.11 使用 fish 函数 readRF(ioS)将生成的随机变量值导入 FLAC^{3D} 模型的每

个单元,实现随机场的离散化。

代码 **10.11** FLAC³ᴰ 读取随机场离散值导入对应单元中

```
1    fish define readRF(ioS)
2        a11='RF/E'+string(ioS)+'.txt'
3        status1=file.open(a11,0,1)
4        status2=file.read(RF_E,100000)
5        status3=file.close
6        p_z=zone.head
7        loop while p_z #  null
8            id_z=zone.id(p_z)
9            zone.prop(p_z,'young')=float(RF_E(id_z))
10           p_z =zone.next(p_z)
11       endloop
12   end
```

代码 10.11 的 readRF(ioS)函数利用指针 zone. head 将生成的随机变量值(这里是弹性模量 E)导入 FLAC 模型的每个对应单元中。代码 10.12 为计算浅基础变形的详细代码。

代码 **10.12** FLAC³ᴰ 计算浅基础变形

```
1    fish define SolveDEFM
2        command
3            model gravity 10
4            zone initialize-stresses ratio 0
5            zone initialize state 0
6            zone gridpoint initialize displacement (0 0 0)
7            zone gridpoint initialize velocity (0 0 0)
8            zone face apply stress-zz -100e3 range position-x -30
9             position-x -30 30 position-z 0
10           model solve
11       endcommand
12   end
```

代码 10.12 使用 fish 函数 SolveDEFM,该函数为模型初始化平衡后,沿着上表面施加均布荷载 $100\ \mathrm{kN/m^2}$ 后开始进行变形量的计算。代码 10.13 为使用 fish 函数进行 CalcDEFM 循环计算,并用 fish 函数 writeRes 将浅基础变形量分段存写。

代码 10.13　FLAC³ᴰ 循环计算并将结果分段存写

```
1    fish define writeRes
2        status=file.open('Res/DefSub'+ string(ioS1)+ '- '&
3        + string(ioS2)+ '.txt',1,1)
4        status=file.write(arrw,ioS2- ioS1+ 1)
5        status=file.close
6    end
7    fish define CalcDEFM
8    ioS=ioS1
9    loop ioSave(1,10)
10       loop while ioS<=ioS1-1+(ioS2-ioS1+1)*ioSave/10.0
11           command
12               @ readRF(@ ioS)
13               @ SolveDEFM
14           endcommand
15           arrw(ioS-ioS1+1)=-gp.disp.z(gp.near(30,0.5,0))
16           ioS=ioS+1
17       endloop
18       command
19           @ writeRes
20       endcommand
21   endloop
22   end
23   @ CalcDEFM
24   @ writeRes
```

代码 10.13 中的 writeRes 函数将变形量分段存写，ioS1、ioS2 是为了并行计算而专门设计的，总模拟次数为 NoS，并行计算数目为 NoF，每个并行端分到的计算量是 NoS/NoF 个，第 IoF 个并行端处理第 NoS/NoF*(IoF-1)+1 至第 NoS/NoF* IoF 模拟，这种分段模拟存写的方式利于大数据量计算结果保存，以第 1～100 次模拟为例，这 100 次模拟的计算结果以文件名 DefSub1-100. txt 存储在"Res"文件夹里。CalcDEFM 调用 readRF(@ioS)和 SolveDEFM 来读取第 ioS 次模拟的随机变量值和进行变形量的计算，并调用 writeRes 将计算求得点（30,0.5,0）附近的位移作为最终输出结果存入数组 arrw 的对应位置中。将代码 10.9 至代码 10.13 合并成 FLAC³ᴰ 命令流 F3Analysis0. f3dat，该文件作为被 MATLAB 调用的完成 FLAC³ᴰ 计算程序。

本算例使用蒙特卡罗法共模拟 1 000 次，估算失效概率 $p_f=9.4\%$，失效概率和其 95% 置信区间随模拟次数 N 的变化如图 10-4 所示。

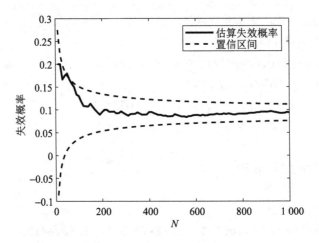

图 10-4　浅基础失效概率和 95% 置信区间随模拟次数 N 的变化示意图

10.5.2　边坡稳定性问题

【例 10.2】　在例 3.5 的基础上,选取黏聚力 c 和内摩擦角 φ 作为土体随机场变量,考虑其空间变异性分析浅基础可靠度问题。土体参数 c 的均值为 5 kPa,变异系数为 0.3,标准差为 1.5 kPa;土体参数 φ 的均值为 15°,变异系数为 0.2,标准差为 3°。自相关函数为单指数型,x 方向相关距离为 50.7 m,z 方向相关距离为 3.8 m。假定变量 c 和 φ 之间相互独立,互相关系数为 0。其余各变量参数值、模型结构几何尺寸和荷载情况与例 3.2 相同。

扫描二维码获取本算例代码

解:(1)本算例首先要获取模型的形心点坐标,与例 10.1 类似,边坡模型的建立可参考代码 3.9,进而与代码 10.1 按顺序合并,此文件在后续 MATLAB 利用中心点离散随机场时将被使用。

(2)接下来输入土体参数数据,本算例中的变量 c 和 φ,假定 c 和 φ 均服从对数正态分布,对数正态分布下的均值和标准差参考第 1 章中式(1-20)和式(1-21),如代码 10.14 所示。

代码 **10.14**　MATLAB 输入边坡土体参数

```
1    mu_c=5e3; % 变量 c 的均值
2    d_c=0.3; % 变量 c 的变异系数
3    mu_fri=15; % 变量 φ 的均值
4    d_fri=0.2; % 变量 φ 的变异系数
5    rho=0; % 假定变量间相互独立,互相关系数为 0
6    ksi2_c=log(1+d_c^2);
7    lambda_c=log(mu_c)-0.5*ksi2_c;
8    ksi2_fri=log(1+d_fri^2);
9    lambda_fri=log(mu_fri)-0.5*ksi2_fri;
```

然后通过 MATLAB 调用 FLAC^{3D} 命令流文件 Export_rawgrid. f3dat，获得形心坐标输入 MATLAB 中，此步骤与代码 10.4 相同。

构建随机场，其中双变量随机场的均值向量 **μ** 和协方差矩阵 **C** 参照本章 10.3 节中的内容，如代码 10.15 所示。

```
代码 10.15   MATLAB 生成随机场的模拟实现
1    NoS=1000;
2    MU=[repmat(lambda_c,n,1);repmat(lambda_fri,n,1)];
3    delta_x=50.7; % x 方向自相关距离
4    delta_z=3.8; % z 方向自相关距离
5    R_0=0.5*eye(n);
6    for i=1:1:n
7        for j=1:1:(i- 1)
8            nd=2*(abs(Center(i,1)-Center(j,1))/delta_x...
9                +abs(Center(i,3)-Center(j,3))/delta_z);
10           R_0(i,j)=exp(-nd);
11       end
12   end
13   R_00=R_0+R_0'; % 构建相关系数矩阵
14   C=[ksi2_c*R_00,sqrt(ksi2_c)*sqrt(ksi2_fri)*rho*R_00;...
15       sqrt(ksi2_c)*sqrt(ksi2_fri)*rho*R_00,ksi2_fri*R_00];
16   RF=exp(mvnrnd(MU,C,NoS)');% 生成随机场并抽取 c 和 φ
17   RF_c=RF(1:n,:);
18   RF_phi=RF(n+1:end,:);
```

黏聚力 c 和内摩擦角 φ 的单次模拟随机数散点图如图 10-5 所示，为了让随机场在模型中的分布具有更好的可视化呈现，随机场离散后的 FLAC^{3D} 土体参数黏聚力 c 和内摩擦角 φ 模型图分别如图 10-6、图 10-7 所示。

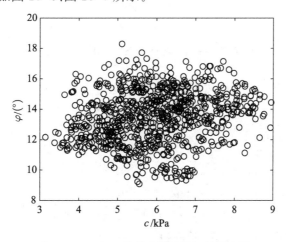

图 10-5 c 和 φ 的单次模拟随机数散点图

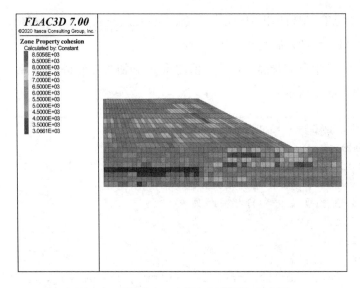

图 10-6　黏聚力 c 在随机场模型的示意图

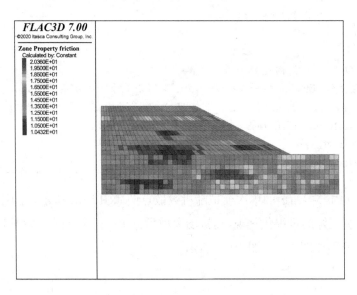

图 10-7　内摩擦角 φ 在随机场模型的示意图

代码 10.16 为读取随机场生成的离散值并写入文件便于后续 FLAC³ᴰ 计算时读取。

代码 **10.16**　MATLAB 将随机场变量的离散值写入文件

```
1    for i=1:1:NoS
2        dlmwrite(['RF\c',num2str(i),'.txt'],RF_c(:,i),...
3            'delimiter','\t','newline','pc');
4        dlmwrite(['RF\phi',num2str(i),'.txt'],RF_phi(:,i),...
5            'delimiter','\t','newline','pc');
6    end
```

（3）为并行计算分析做准备。首先生成 NoF 个副本文件，用于并行计算，此步骤与代码 10.7 相同，在此不再赘述。

（4）MATLAB 调用 FLAC³ᴰ 进行有限差分计算的接口部分，该部分代码与代码 2.9 类似，只需将本算例可靠度问题对应的变量值和计算公式修改即可，如代码 10.17 所示。

```
代码 10.17    MATLAB 调用 FLAC³ᴰ 的数据接口计算
1    parfor ioF=1:1:NoF
2        SysCom=[Dir,' call "F3Analysis0',num2str(ioF),'.f3dat"'];
3        status=1;
4        while status~=0
5            status=system(SysCom);
6            if status~=0
7                fprintf(2,strcat('!!! Abnormal exit code:',...
8                    {32},string(status),'\n'))
9            end
10       end
11       delete(['F3Analysis0',num2str(ioF),'.f3dat'])
12   end
13   delete('Model0.sav')
14   lim=1;
15   Fs=zeros(NoS,1); % 生成储存安全系数的数组
16   mkdir('Res')
17   for ioF=1:1:NoF
18       Fs(1+(ioF)*NoS/NoF:ioF*NoS/NoF,1)=importdata([...
19           'Res/ksSub',num2str(1+(ioF-1)*NoS/NoF),...
20           '-',num2str(ioF*NoS/NoF),'.txt']);
21   end
22   pf0=mean(Fs<=lim) % 计算失效概率
```

将代码 10.14、代码 10.4、代码 10.15、代码 10.16、代码 10.7、代码 10.17 按顺序合并，并根据上述讲解在指定位置进行修改，最终形成 MATLAB 计算主程序脚本文件。此文件包含了随机场的生成以及 MATLAB 对 FLAC³ᴰ 调用进行并行计算的完整接口，将此文件作为主程序。

（5）接下来我们讲解被 MATLAB 调用的 FLAC³ᴰ 计算程序 F3Analysis0.f3.dat 如何对 MATLAB 生成的 c 和 φ 进行接收、处理以及强度折减法（Dawson 等[21]）对安全系数的计算。

首先，可直接使用例 10.1 中已经写好的 FLAC³ᴰ 程序来读取已建立的模型，并定义计算编号。

其次,修改代码 10.10 中的部分数值,即可获得代码 10.18。其中定义了 fish 函数 consPara 定义非随机变量类型的土体参数,使用 fish 函数 intialization 为土体参数变量准备数组存储空间。

代码 10.18　FLAC³ᴰ 土体参数设置

```
1    fish define consPara
2        dens=1900
3        yo=10e6
4        pr=0.3
5        co=10e3
6        fr=0
7        ten=0
8    end
9    @ consPara
10   zone  cmodel assign mohr-coulomb
11   zone property density @ dens young @ yo poisson @ pr
12   zone property tension @ ten ;friction @ fr cohesion @ c1
13   fish define intialization
14       RFc=array.create(100000)
15       RFphi=array.create(100000)
16       arrw=array.create(100000)
17   end
18   @ intialization
```

代码 10.18 中 consPara 函数首先定义非随机变量类型的土体参数:dens、yo、pr、ten,分别对应密度、杨氏模量、泊松比、张力,使用"zone cmodel assign"命令,将浅基础单元的力学模型设置为"mohr-coulomb"。def intialization 函数构建数组 RFc 和 RFphi 来存储从 MATLAB 导入的 c 和 φ。

代码 10.19 使用 fish 函数 readRF(ioS)将生成的随机变量值导入 FLAC³ᴰ 模型的每个单元,实现随机场的离散化。

代码 10.19　FLAC³ᴰ 土体参数设置

```
1    fish define readRF(ioS)
2        a11='RF/c'+string(ioS)+'.txt'
3        status1=file.open(a11,0,1)
4        status2=file.read(RFc,100000)
5        status3=file.close
6        a11='RF/phi'+string(ioS)+'.txt'
```

```
7       status1=file.open(a11,0,1)
8       status2=file.read(RFphi,100000)
9       status3=file.close
10      p_z=zone.head
11      loop while p_z #  null
12          id_z=zone.id(p_z)
13          zone.prop(p_z,'cohesion')=float(RFc(id_z))
14          zone.prop(p_z,'friction')=float(RFphi(id_z))
15          p_z =zone.next(p_z)
16      endloop
17  end
```

接下来定义 fish 函数 ini_RF_p(ks)，其中嵌套使用 readRF(ioS)函数，利用指针 zone.head 将生成的随机变量值（这里是黏聚力 c 和内摩擦角 φ）导入 FLAC³ᴰ 模型的每个对应单元中，同时考虑 k_s 的强度折减系数，并对内摩擦角进行弧度和角度之间的转换，如代码 10.20 所示。

代码 **10.20**　FLAC³ᴰ 土体强度参数赋值并考虑强度折减
```
1   fish define ini_RF_p (ks)
2       p_z=zone.head
3       loop while p_z #  null
4           id_z=zone.id(p_z)
5           zone.prop(p_z,'cohesion')=float(RFc(id_z))/ks
6           zone.prop(p_z,'friction')=
    180.0/math.pi* math.atan(math.tan(float(RFphi(id_z))*math.pi/180.
    0)/ks);
7           p_z =zone.next(p_z)
8       endloop
9   end
```

代码 10.21 为二分法求解安全系数。

代码 **10.21**　FLAC³ᴰ 二分法求解安全系数
```
1   fish define SolveFOS
2       ait1=0.01
3       k11=0.0
4       k12=1.6
5       ks=(k11+k12)/2
6       command
```

```
7              model gravity 10
8              zone initialize state 0
9              zone gridpoint initialize displacement（0 0 0）
10             zone gridpoint initialize velocity（0 0 0）
11             zone initialize-stresses
12             @ ini_RF_p(@ ks)
13             model solve cycles 10000；ratio 1e-5
14         endcommand
15         if zone.mech.ratio.avg< = 1e-5 then
16             k11=ks
17         else
18             k12=ks
19         endif
20             ks=（k11+k12）/2
21         loop while k12-k11>ait1
22             command
23                 zone initialize state 0
24                 zone gridpoint initialize displacement（0 0 0）
25                 zone gridpoint initialize velocity（0 0 0）
26                 zone initialize- stresses
27                 @ ini_RF_p(@ ks)
28                 model solve cycles 10000；ratio 1e-5
29             endcommand
30                 if zone.mech.ratio.avg<=1e-5 then
31                     k11=ks
32                 else
33                     k12=ks
34                 endif
35                     ks=（k11+k12）/2
36         endloop
37     end
```

代码 10.21 构建 fish 函数 SolveFOS 是利用二分法对安全系数进行折减,首先定义初始安全系数区间的左端点 k11 和右端点 k12 以及收敛判据 ait1,初始折减系数是初始安全系数区间的中点值,然后调用 ini_RF_p(@ks)让该次迭代下的 k_s 参与计算,不断循环迭代后根据收敛比来不断收缩二分法的区间,直至安全系数的区间长度小于或等于ait1。当安全系数区间已经达到收敛标准时,此时区间的中点值作为最终的安全系数被输出。

代码 10.22 为循环计算并将安全系数分段存写。

代码 10.22　FLAC³ᴰ 循环计算并将安全系数分段存写

```
1    fish define writeRes
2    status=file.open('RES/FsSub'+string(ioS1)+'-'+string(ioS2)+'.txt',
     1,1)
3        status=file.write(arrw,ioS2-ioS1+1)
4        status=file.close
5    end
6    fish define CalcFOS
7    ioS=ioS1
8    loop ioSave(1,10)
9        loop while ioS<=ioS1-1+(ioS2-ioS1+1)*ioSave/10.0
10           command
11               @ readRF(@ ioS)
12               @ SolveFOS
13           endcommand
14           arrw(ioS-ioS1+1)=string(ks)
15           ioS=ioS+1
16       endloop
17       command
18           @ writeRes
19       endcommand
20   endloop
21   end
22   @ CalcFOS
23   @ writeRes
```

代码 10.22 的 fish 函数 writeRes 分段存写安全系数,其中 ioS 为循环计数变量,用来读取第 ioS1 到第 ioS2 个黏聚力和内摩擦角的数据向量,同时也作为第 ioS1 个到第 ioS2 个输出结果的计数器,每次循环都把本次所得的安全系数存入数组 array 的第 ioS 至 ioS1+1 个位置,第 ioSaveSum 为计算过程中的保存次数,即每隔一段时间保存一次,防止出现软件崩溃或停电等意外情况导致计算结果丢失。CalcFOS 调用 readRF(@ioS) 和 SolveFOS 来读取第 ioS 次模拟的随机变量值和进行安全系数的计算,并调用 writeRes 将计算求得的最终安全系数作为输出结果存入数组 array 的对应位置中。将代码 10.9、代码 10.18 至代码 10.22 按顺序合并成 FLAC³ᴰ 命令流文件 F3Analysis0. f3dat,该文件作为被 MATLAB 调用的完成 FLAC³ᴰ 计算程序。

本算例使用蒙特卡罗法共模拟 1 000 次,估算失效概率 $p_f=9.3\%$,失效概率及其

95％置信区间随模拟次数 N 的变化如图10-8所示。

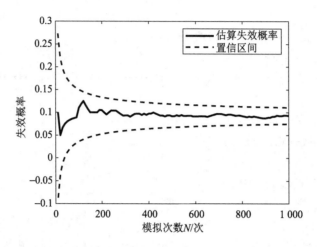

图10-8　边坡失效概率和95％置信区间随模拟次数 N 的变化示意图

10.5.3　盾构隧道收敛变形问题

【例10.3】　本算例在例3.6的基础上,选取弹性模量 E 作为随机场变量,即 $x=[E]$,考虑其空间变异性分析盾构收敛变形的可靠度问题。本算例中土体参数 E 的均值为9 MPa,变异系数为0.3,标准差为2.7 MPa,自相关函数为单指数型,x 方向相关距离为60 m,z 方向相关距离为30 m。其余参数值、模型结构几何尺寸和荷载情况与例3.3相同。

扫描二维码获取本算例代码

解:为了使算例更具有示范效果同时提高计算效率:

(1) 本算例首先要获取模型的形心点坐标,如同例10.1,考虑空间变异性条件下,土体的性质不再对称。在此,参考代码3.14中的建模代码,建立全尺寸的盾构隧道收敛分析模型。

代码10.23　FLAC^{3D} 建立全尺寸盾构隧道收敛分析模型

```
1    model large-strain off
2    plot item create zone active on contour displacement
3    zone create radial-cylinder p 0 0 0 -14 p 1 5 0 -14 &
4    p 2 0 1 -14 p 3 0 0 -9 dimension 3.1 3.1 3.1 3.1 &
5    size 1 2 32 6 group 'soil'
6    zone create cylindrical- shell p 0 0 0 -14 p 1 3.10 -14 &
7    p 2 0 1 -14 p 3 0 0 -10.9 dimension 2.75 2.75 2.75 2.75 &
8    size 2 2 32 6 group 'lining' fill group 'inner_soil'
9    zone reflect origin 0 0 -14 normal 0 0 1
10   zone create brick p 0 0 0 -9 p 1 5 0 -9 p 2 0 1 -9 &
```

```
11    p 3 0 0 0 size 16 2 16 r 1 1 1.05 group 'soil'
12    zone create brick p 0 5 0 -9 p 1 35 0 -9 p 2 5 1 -9 &
13    p 3 5 0 0 size 14 2 16 r 1.2 1 1.05 group 'soil'
14    zone create brick p 0 5 0 -19 p 1 35 0 -19 p 2 5 1 -19 &
15    p 3 5 0 -9 size 14 2 32 r 1.2 1 1 group 'soil'
16    zone create brick p 0 0 0 -49 p 1 5 0 -49 p 2 0 1 -49 &
17    p 3 0 0 -19 size 16 2 14 r 1 1 0.85 group 'soil'
18    zone create brick p 0 5 0 -49 p 1 35 0 -49 p 2 5 1 -49 &
19    p 3 5 0 -19 size 14 2 14 r 1.2 1 0.85 group 'soil'
20    zone reflect origin 0 0 0 normal 1 0 0
21    zone face skin
22    zone face apply velocity- normal 0 range group 'West' or 'East'
23    zone face apply velocity- normal 0 range group 'North' or 'South'
24    zone face apply velocity 0 0 0 range group 'Bottom
```

将代码 10.23 与代码 10.1 按顺序合并,最终形成 FLAC^{3D} 命令流文件 tunnel_rawgrid. f3dat,此文件在后续 MATLAB 利用中心点离散随机场时将被使用。

(2) 输入土体参数数据,假定 E 服从对数正态分布,此步骤与代码 10.3 基本相同,只需代码 10.3 第 1 行替换成"mu_E=9e6;"即可。然后通过 MATLAB 调用 FLAC^{3D} 命令流文件 Export_rawgrid. f3dat,获得形心坐标输入 MATLAB 中,此步骤可直接使用代码 10.4。

接着生成随机场的模拟实现,其中单变量随机场的均值向量 $\boldsymbol{\mu}$ 和协方差矩阵 $\boldsymbol{C}$ 参照第 1 章中式(1-23)和式(1-24),此步骤与代码 10.5 相同。隧道模型弹性模量 E 的单次模拟随机数直方图如图 10-9 所示。

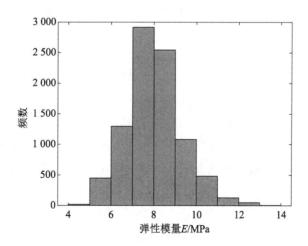

图 10-9　弹性模量 E 单次模拟随机数直方图

接下来为读取随机场生成的离散值并写入文件便于后续 FLAC^{3D} 进行计算时读取，此步骤可直接使用代码 10.6。为了让随机场在模型中的分布具有更好的可视化呈现，随机场离散后的 FLAC^{3D} 土体参数模型图如图 10-10 所示。

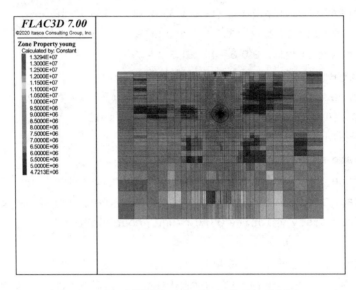

图 10-10　弹性模量 E 在随机场模型的示意图

（3）接下来为并行计算分析做准备。生成 NoF 个 F3Analysis0.f3.dat 的副本文件用于并行计算，此步骤可直接使用代码 10.7。

（4）接下来为 MATLAB 调用 FLAC^{3D} 进行有限差分计算的接口部分，此步骤与代码 10.8 基本相同，唯一不同的是功能函数判断失效的临界值 lim 发生变化，只需将代码 10.8 第 8 行修改为"lim=0.004 * 6.2;"，即 lim 值的选取是结构尺寸的 4‰作为临界点。将以上相关代码按顺序合并，并根据上述讲解在指定位置处进行修改，最终形成该算例的 MATLAB 主程序，此文件包含了随机场的生成以及 MATLAB 对 FLAC^{3D} 调用进行并行计算的完整接口。

（5）接下来介绍 FLAC^{3D} 程序 F3Analysis0.f3.dat 如何对 MATLAB 生成的 E 进行接收、处理，其变形的计算与例 3.1 类似，不同的是土体模型发生改变，并且还要考虑衬砌组成成分混凝土的力学参数，其变形量是隧道的径向变形量。

首先，可直接使用例 10.1 中已经写好的 FLAC^{3D} 程序来读取已建立的模型，并定义计算编号。然后使用代码 10.24，同样使用 fish 函数 consPara 为非随机变量类型的土体参数，使用 fish 函数以 intialization 为土体参数变量准备数组存储空间。

代码 10.24　FLAC^{3D} 土体参数设置

```
1    fish define consPara
2        K0=0.6
3        dens=1900
```

```
4        pr=0.3
5        c=5e3
6        fri=25
7        yo=10e6
8        concreteE=34.5e9
9        concreteP=0.2
10     concreteD=2500
11   end
12   @ consPara
13   zone   cmodel assign elastic
14   zone property density @ dens young @ yo poisson @ pr
15   fish define intialization
16       RF_E=array.create(100000)
17       arrw=array.create(100000)
18   end
19   @ intialization
```

代码 10.24 中 fish 函数 consPara 首先定义非随机变量类型的土体参数：K0、dens、yo、pr、ten、c、phi，分别对应土体的侧压力系数、密度、杨氏模量、泊松比、张力、黏聚力、内摩擦角，以及定义了混凝土的力学参数值：concreteE、concreteP、concreteD，分别对应混凝土的杨氏模量、泊松比、密度；def intialization 函数构建数组 RFe 来存储从 MATLAB 导入的数据。

接下来使用 fish 函数 readRF(ioS)将生成的随机变量值导入 FLAC³ᴰ 模型的每个单元，实现随机场的离散化，此步骤与代码 10.11 相同。

代码 10.25 为使用 fish 函数 CalcDEFM 循环计算，并用 fish 函数 writeRes 将浅基础变形量分段存写。

代码 10.25　FLAC³ᴰ 循环计算并将结果分段存写

```
1    def writeRes
2    status=file.open('Res/DefSub'+string(ioS1)...
3    +'- '+string(ioS2)+'.txt',1,1)
4    status=file.write(arrw,ioS2-ioS1+1)
5    status=file.close
6    end
7    def CalcDEFM
8    ioS=ioS1
9    loop ioSave(1,10)
```

```
10   loop while ioS<=ioS1-1+(ioS2-ioS1+1)*ioSave/10.0
11   command
12   zone  cmodel assign mohr- coulomb
13   zone property friction [fri] cohesion [c]...
14   density [dens] young [yo] poisson [pr]
15   @ readRF(@ ioS)
16   model gravity 10
17   zone initialize- stresses ratio [K0]
18   model solve elastic only
19   zone initialize state 0
20   zone gridpoint initialize displacement (0 0 0)
21   zone gridpoint initialize velocity (0 0 0)
22   zone cmodel assign null range group 'lining'or'inner_soil'
23   zone cmodel assign elastic range group 'lining'
24   zone property density [concreteD]...
25   young [concreteE*0.67] poisson [concreteP]...
26   range group 'lining'
27   model solve
28   zone face apply stress-zz -140e3...
29   range position-x -10 10 position- z 0
30   model solve
31   endcommand
32   arrw(ioS-ioS1+1)=math.abs(gp.disp.x(gp.near(3.09,0.5,14))...
33   -gp.disp.x(gp.near(-3.09,0.5,-14)))                    ;记录径向变形量
34   ioS=ioS+1
35   endloop
36   command
37   @ writeRes
38   endcommand
39   endloop
40   end
41   @ CalcDEFM
42   @ writeRes
```

代码 10.25 中第 1~6 行定义的 writeRes 函数将变形量分段存写,ioS1、ioS2 是为了并行计算而专门设计的,总模拟次数为 NoS,并行计算数目为 NoF,每个并行端分到的计算量是 NoS/NoF 个,第 IoF 个并行端处理第 NoS/NoF*(IoF-1)+1 至第 NoS/NoF* IoF 模拟。第 7~40 行定义的 CalcDEFM 调用 readRF(@ioS) 来读取第 ioS 次模拟的随

机变量值并将其赋在每个单元上进行变形量的计算。隧道的初始先按未开挖(全部视为土体)进行应力自平衡,然后初始化运动条件,并赋予非土体单元相应的力学参数值和力学模型,最后再施加 140 kN/m² 均布荷载模拟变形,并调用 writeRes 将计算求得点 $(3.09, 0.5, -14)$ 和 $(-3.09, 0.5, -14)$ 之间的位移差作为径向变形量输入数组 array 的对应位置中。

将代码 10.9、代码 10.24、代码 10.11、代码 10.25 合并成 FLAC³D 命令流 F3Analysis0.f3dat,该文件作为被 MATLAB 调用的完成 FLAC³D 计算程序。本算例使用蒙特卡罗法共模拟 500 次,估算失效概率 $p_f = 15.4\%$。失效概率及其 95% 置信区间随模拟次数 N 的变化如图 10-11 所示。

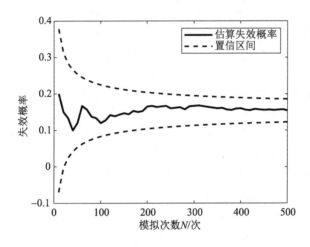

图 10-11　隧道失效概率和 95% 置信区间随模拟次数 N 的变化示意图

10.6　小结

本章介绍了考虑土体空间变异性的复杂岩土及地质工程随机场可靠度分析方法。随机场模型中最重要的部分是对岩土体性质空间上的相关性进行模拟。在岩土工程相关文献中常使用自相关函数,在地质统计学相关文献中常使用变差函数(Variogram),二者在数学原理上是相通的(如 Vanmarcke[13];Varouchakis[22])。近年来,基于随机场的可靠度分析已成为岩土及地质工程风险分析领域的热点研究问题(Phoon 等[23]),并在边坡工程(Griffiths 和 Fenton[24];Cho[2,25];吴振君等[26];薛亚东等[9];Xiao 等[27];邓志平等[28];Zhou 等[29])、基础工程(Cherubini[30];Kasama 等[31])、水工结构(Ahmed[32])等问题中获得了广泛应用。此外,考虑勘察数据的条件随机场模型近年来也逐渐引起学界的重视。例如,吴振君等[26]基于克里金方法构建条件随机场用于边坡稳定性分析;Huang 等[33]研究了旋转各向异性条件下的条件随机场。条件随机场模型也常被用在评价勘察钻孔的信息价值的相关研究中,如蒋水华等[18],Hu 等[34],Zhang 等[35]。一些学者还基于随机场理论对地质模型的不确定性进行了研究,如 Yu 等[36],Gong 等[37],Zhang 等[38]。

参考文献

[1] Juang C H, Gong W, Martin II J R, et al. Model selection in geological and geotechnical engineering in the face of uncertainty-does a complex model always outperform a simple model? [J]. Engineering Geology, 2018, 242: 184-196.

[2] Cho S E. Probabilistic Assessment of Slope Stability That Considers the Spatial Variability of Soil Properties [J]. Journal of Geotechnical and Geoenvironmental Engineering, 2010, 136 (7): 975-984.

[3] Hicks M A, Samy K. Influence of heterogeneity on undrained clay slope stability[J]. Quarterly Journal of Engineering Geology and Hydrogeology, 2002, 35(1): 41-49.

[4] Li D Q, Jiang S H, Cao Z J, et al. A multiple response-surface method for slope reliability analysis considering spatial variability of soil properties[J]. Engineering Geology, 2015, 187: 60-72.

[5] Liu L L, Cheng Y M, Zhang S H. Conditional random field reliability analysis of a cohesion-frictional slope[J]. Computers and Geotechnics, 2017, 82: 173-186.

[6] Yang R, Huang J, Griffiths D V, et al. Optimal geotechnical site investigations for slope design [J]. Computers and Geotechnics, 2019, 114: 103111.

[7] Hu J Z, Zhang J, Huang H W, et al. Value of information analysis of site investigation program for slope design[J]. Computers and Geotechnics 2021, 131: 103938.

[8] Ronold K O. Random field modeling of foundation failure modes[J]. Journal of geotechnical engineering, 1990, 116(4): 554-570.

[9] 薛亚东,方超,葛嘉诚. 各向异性随机场下的边坡可靠度分析[J]. 岩土工程学报,2013,35(S2): 77-82.

[10] 程强,罗书学,高新强. 相关函数法计算相关距离的分析探讨[J]. 岩土力学,2000(3):281-283.

[11] Cafaro F, Cherubini C. Large sample spacing in evaluation of vertical strength variability of clayey soil[J]. Journal of Geotechnical and Geoenvironmental Engineering, 2002, 128 (7): 558-568.

[12] Uzielli M, Vannucchi G, Phoon K K. Random field characterisation of stress-normalised cone penetration testing parameters[J]. Geotechnique, 2005, 55(1): 3-20.

[13] Vanmarcke E H. Random fields: Analysis and synthesis [M]. The MIT Press, Cambridge Massachusetts, 1983.

[14] Karhunen K. Über lineare Methoden in der Wahrscheinlichkeitsrechnung: akademische Abhandlung[M]. Helsinki: Soumalainen Tiedeakatemia, 1947.

[15] Loève M., Fonctions aleatoires du second ordre[J], supplement to P. Levy, Processus Stochastic et Mouvement Brownien, Paris, GauthierVillars, 1948.

[16] Ghanem R G, Spanos P D. Stochastic finite elements: a spectral approach[M]. New York: Springer, 2011.

[17] Zhu W. The stochastic finite element method based on local average of random field[J]. Acta Mechanica Solida Sinica, 1988(3):261-271.

[18] 蒋水华,刘贤,尧睿智,等.基于贝叶斯更新和信息量分析的边坡钻孔布置方案优化设计方法[J]. 岩土工程学报,2018,40(10):1871-1879.

[19] Zhang J Z, Huang H W, Zhang D M, et al. Effect of ground surface surcharge on deformational performance of tunnel in spatially variable soil [J]. Computers and Geotechnics, 2021, 136: 104229.

[20] Phoon K K, Kulhawy F H. Characterization of Geotechnical Variability [J]. Canadian Geotechnical Journal, 1999, 36(4): 612-624.

[21] Dawson E M, Roth W H, Drescher A. Slope stability analysis by strength reduction[J]. Géotechnique, 1999, 49: 835-840.

[22] Varouchakis E A. Geostatistics: mathematical and statistical basis[M]//Spatiotemporal Analysis of Extreme Hydrological Events. Elsevier, 2019: 1-38.

[23] Phoon K K, Cao Z J, Ji J, et al. Geotechnical uncertainty, modeling, and decision making[J]. Soils and Foundations, 2022, 62(5): 101189.

[24] Griffiths D V, Fenton G A. Probabilistic slope stability analysis by finite elements[J]. Journal of Geotechnical and Geoenvironmental Engineering, 2004, 130(5): 507-518.

[25] Cho S E. Effects of spatial variability of soil properties on slope stability[J]. Engineering Geology, 2007, 92(3-4): 97-109.

[26] 吴振君,王水林,葛修润.约束随机场下的边坡可靠度随机有限元分析方法[J].岩土力学,2009,30(10):3086-3092.

[27] Xiao T, Li D Q, Cao Z J, et al. Three-dimensional slope reliability and risk assessment using auxiliary random finite element method [J]. Computers and Geotechnics, 2016, 79: 146-158.

[28] 邓志平,李典庆,曹子君,等.考虑地层变异性和土体参数变异性的边坡可靠度分析[J].岩土工程学报,2017,39(6):986-995.

[29] Zhou Z, Li D Q, Xiao T, et al. Response Surface Guided Adaptive Slope Reliability Analysis in Spatially Varying Soils[J]. Computers and Geotechnics, 2021,132: 103966.

[30] Cherubini C. Reliability evaluation of shallow foundation bearing capacity on c′ φ′ [J]. Canadian Geotechnical Journal, 2000, 37(1): 264-269.

[31] Kasama K, Whittle A J, Zen K. Effect of spatial variability on the bearing capacity of cement-treated ground [J]. Soils and Foundations, 2012, 52(4): 600-619.

[32] Ahmed A A. Stochastic analysis of free surface flow through earth dams[J]. Computers and Geotechnics, 2009, 36(7):1186-1190.

[33] Huang L, Cheng Y M, Leung Y F, et al. Influence of rotated anisotropy on slope reliability evaluation using conditional random field[J]. Computers and Geotechnics, 2019(15): 103133.

[34] Hu J Z, Zheng J G, Zhang J, et al. Bayesian Framework for Assessing Effectiveness of Geotechnical Site Investigation Programs[J]. ASCE-ASME Journal of Risk and Uncertainty in Engineering Systems, Part A: Civil Engineering, 2023, 9(1): 04022054.

[35] Zhang J, Sun Y, Hu J Z, et al. Assessing Site Investigation Program for Design of Shield Tunnels [J]. Underground Space, 2023, 9: 31-42.

[36] Yu X, Cheng J, Cao C, et al. Probabilistic Analysis of Tunnel Liner Performance Using Random

Field Theory[J]. Advances in Civil Engineering，2019，2019：1-18.

［37］ Gong W，Zhao C，Juang C H，et al. Stratigraphic uncertainty modelling with random field approach[J]. Computers and Geotechnics，2020，125：103681.

［38］ Zhang D，Dai H，Wang H，et al. Investigating the Effect of Geological Heterogeneity of Strata on the Bearing Capacity of Shallow Foundations Using Markov Random Field［J］. ASCE-ASME Journal of Risk and Uncertainty in Engineering Systems，Part A：Civil Engineering，2021，7（4）：04021060.